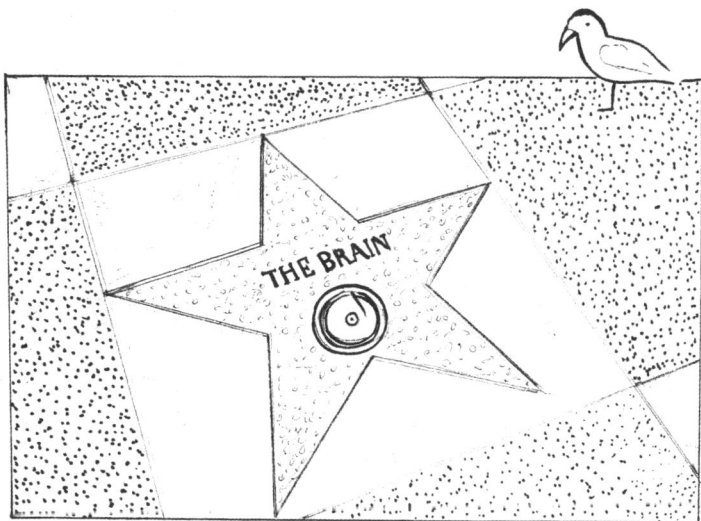

谨献给大脑——

因为没有我的大脑，就无法帮助你的大脑

THE BOOK OF OVERTHINKING

GWENDOLINE SMITH

illustration © Yoshioka Yuutarou

想太多是会爆炸的

[新西兰]
格温多琳·史密斯——著
黄意雯——译

台海出版社

北京市版权局著作合同登记号：图字 01-2022-4368

THE BOOK OF OVERTHINKING by Gwendoline Smith
Text © Gwendoline Smith. 2020
First published in 2020 by Allen & Unwin Pty Ltd, Sydney, Australia
Published by arrangement with Allen & Unwin Pty Ltd, Sydney, Australia
through Bardon-Chinese Media Agency
Simplified Chinese translation copyright © 2022
by Beijing United Creadion Culture Media Co., LTD
ALL RIGHTS RESERVED

图书在版编目（CIP）数据

　　想太多是会爆炸的 /（新西兰）格温多琳·史密斯著；
黄意雯译 . — 北京：台海出版社，2022.11
　　书名原文：THE BOOK OF OVER THINKING
　　ISBN 978-7-5168-3390-2

　　Ⅰ . ①想… Ⅱ . ①格… ②黄… Ⅲ . ①焦虑 – 心理调
节 Ⅳ . ① B842.6

中国版本图书馆 CIP 数据核字 (2022) 第 162409 号

想太多是会爆炸的

著　者：	[新西兰] 格温多琳·史密斯	译　者：	黄意雯

出 版 人：蔡　旭　　　　　　　　　　封面设计：Yoshioka_Yuutarou
责任编辑：王　萍　　　　　　　　　　策划编辑：于海娣

出版发行：台海出版社
地　　址：北京市东城区景山东街 20 号　　邮政编码：100009
电　　话：010-64041652（发行、邮购）
传　　真：010-84045799（总编室）
网　　址：www.taimeng.org.cn/thcbs/default.htm
E－m a i l：thcbs@126.com

经　　销：全国各地新华书店
印　　刷：凯德印刷（天津）有限公司
本书如有破损、缺页、装订错误，请与本社联系调换

开　　本：787 毫米 ×1092 毫米　　　　1/32
字　　数：117 千字　　　　　　　　　印　　张：8
版　　次：2022 年 11 月第 1 版　　　　印　　次：2022 年 11 月第 1 次印刷
书　　号：ISBN 978-7-5168-3390-2

定　　价：49.80 元

自序

这本书是以目前在治疗情绪问题与焦虑症状上最先进的"认知行为疗法"（CBT）理论为基础写成的。

这套疗法的关键，是教导人如何思考，并提供相应的工具与策略，教人更有效地管理个人情绪。

在看诊生涯中，我发现绝大多数的成人患者都饱受忧虑也就是俗称的"想太多"之苦。

本书虽是针对成年人而写，但书中的知识与实用技巧同样适用于各个年龄层的读者。

在我的"怂恿"下，可爱的插画家嘉比、乔吉雅及设计师梅根再度与我合作。因为我相信成年人跟孩子一样，都喜欢插画。接下来，就让我们一起轻松学习吧！

目录　CONTENTS

上篇

什么是"想太多"

第一章

"想太多"的定义

> **想太多（overthink）：动词。**
>
> 对某件事情过度思考：
> 以弊大于利的方式，
> 耗费过多时间去思考、分析某事。
> ——《韦氏在线字典》

在"想太多"的诸多定义中，我最喜欢这一个，因为它简单明了，同时也点出了"想太多"其实暗藏着危险的一面。

每个人偶尔都会想太多。不过，有些人就是关不掉自己内心那些持续、猛烈袭来的坏念头——也许你就是这样的人。这种类型的内心独白有两种截然不同的形式：

1.反复思考：不断回顾当时的情景。

· 上个星期开会，我实在不应该发表那些评论。

· 我实在不应该离职。要是我还待在原公司，应该会比现在开心。

- 昨天在派对上我实在不该吃那块蛋糕，现在一辈子都要胖下去了。

这些思考模式常会伴有悔恨和罪恶感。

2.忧虑：习惯对未来做出灾难性的负面预测。

- 我把报告交给老板，她一定会觉得这份报告写得太烂了，接着会让我离职，然后我就缴不起房贷，最后失去房子，还养不起家人。

- 诸如此类。

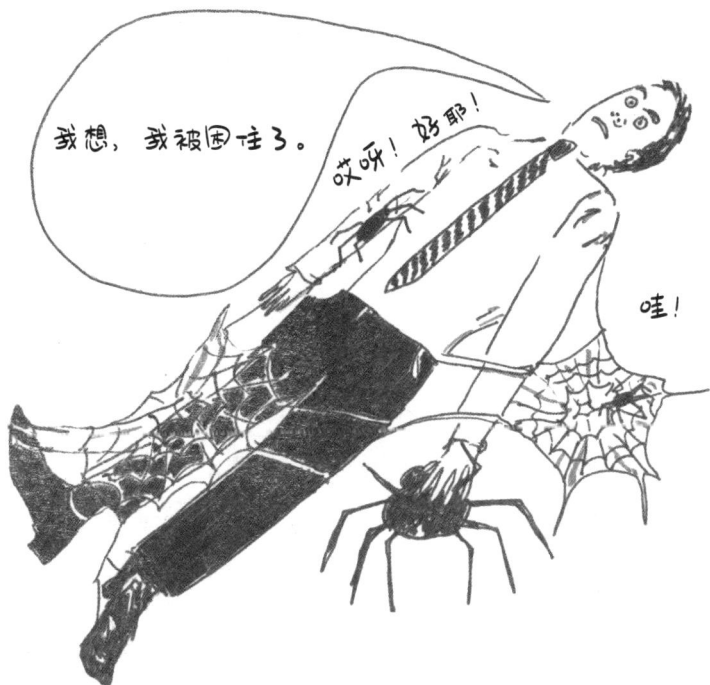

担心将来可能会发生灾难，会让人产生恐惧感和焦虑感。

受到上述一种或两种想太多情况的纠缠，会让你持续处于痛苦的状态。

通常来讲，我们之所以为人，正是因为我们有思考能力。专注于我们正在做的事并对这些事进行思考是很自然的行为。不过，如果想太多让你一路掉进负面、破坏性念头的恶性循环，那么，麻烦可就大了。

一旦这个过程发生，你就会凭空制造出本不存在的问题。接着，你开始深信这些问题真实存在。受这些信念的影响，你开始担忧、焦虑，你的思绪因此陷入瘫痪，阻碍你去解决真正遇到的问题。

我喜欢的另一个对"想太多"的定义，是网络字典《都会字典》（*Urban Dictionary*）的解释：

想太多：

搞砸所有事情的最佳方法。

#复杂 #狗屁不通

#难搞 #讨人厌

真的，我觉得这个解释很靠谱！

先把玩笑放在一边。我相信，你对自己正在经历的事情了解得越多，就越能掌控那些不想要的想法和体验。

我该担心自己想太多吗？

大家常常问我，是不是所有的"想太多"都有害。我认为不是。有时候，我们会受到过度专注于某件事的影响。这种情况就像被催眠了一样：我们在一种近乎恍惚的状态下失去了时间感——我想，这可以用做白日梦或者恍神儿来形容。

这里有几个例子：

热恋中，你发现自己对爱人朝思暮想，可能就连在夜里也会梦到对方（这就是所谓的"日有所思，夜有所梦"）。

这样算有问题吗？当然不算！大多数人都喜欢这种感受而且乐在其中，不会因此产生焦虑。

或者：

你的婚礼即将来临，你希望自己的发型和礼服都完美无瑕，因此整日想着礼服的样式与颜色。

这样算有问题吗？也没那么糟——很多人可是结了好几次婚，而且每次都能幸存呢！

又或者：

你正在为游泳比赛努力练习，不断想着自己的划水与换气动作。

有问题吗？这听起来更像是对胜利的渴望！运动员在职业生涯中一直都处于这种心理状态。除非这种想法是受对失败的恐惧（进而演变为忧虑）所驱动，否则运动心理学家是不会介入的。

你发现自己不断想着打高尔夫球时的挥杆姿势，或是朋友到家中聚餐时你准备试做的新菜色。你会不断地想，不停地计划；不断地想，不停地计划……

这是因为你脑子出了问题，还是因为兴奋？我认为是后者。

判断标准在于你是怎么想的。如果你是这样想的：

> 我的天啊！我选错了伴娘礼服的颜色！我的婚纱，我穿起来一定特别显胖！我应该买那件Ａ字形的复古婚纱，而不是这件垂坠的雪纺婚纱。大家一定会想："他为什么要娶这个穿衣服没品位的胖女人？"

这样的想法会为你带来恐惧，还会产生有害的过度刺激。

不过，如果你是这样想的：

我对我的婚礼充满期待！伴娘看起来一定令人怦然心动，即将成为我丈夫的那个人当然也是。我喜欢我的婚纱，我的邀请函、婚礼场地都十分完美……

在这种思考模式下，就算你朝思暮想同一件事，也会是一种令人愉悦的刺激体验。想太多吗？确实。但是有问题吗？我认为没有。

想太多的诸多表现中会引起临床医生注意的是你的睡眠受到了影响。你彻夜想着伴娘的礼服是问题吗？倒也不尽然。第二天晚上，如果你因为疲倦不堪而轻松入睡，那么这件事就没打破你之前良好的睡眠模式。相反，如果是因为恐惧而想太多，则会引发大脑分泌毫无益处的化学物质，这些化学物质进入人体系统后，会导致睡眠障碍。

积极型想太多，会激发大脑分泌多巴胺、催产素、血清素和内啡肽，这些都是与快乐相关的化学物质。我们渴望这些化学物质，甚至会重复进行确保自己能获得这些物质的行为：人类会通过运动、看喜剧、听音乐或是从事有创意的活动等，来寻求内啡肽的刺激。

然而，当追求快乐是为了逃避生活问题时，比如赌博、沉迷于3C产品、玩游戏机或是酗酒，那就不再是有益无害的活动了。（几年前，我参加过一场讨论赌瘾的研讨会。主讲人说，小赌怡情的玩家与嗜赌成性的赌徒的差别在于，嗜赌成性者是想借赌博解决问题，这跟那些只想找点儿乐子、寻求些许刺激，或者只是出去玩乐一晚的消遣型玩家是大不相同的。）

从上述例子中可以看出，不是所有的想太多都是积极的。现在，我们就来看看消极型想太多。研究显示，钻牛角尖、专注在负面事件上（进而产生懊悔、自责的情绪），有可能是造成焦虑、抑郁等当今最普遍心理健康问题的头号元凶。多达百万份的研究报告让我们看到了消极型想太多对健康造成的危害。

所以，对于"我应该担心自己想太多吗"，有一个简单的答案：

> 当你的思绪影响了你的行动能力时，
> 就应该担心。
> ——精神科医生、认知行为治疗师
> 罗伯特·希夫（Robert Shieff）博士

第二章

想太多的危害

临床上，我们经常会遇到形态各异，但大致都可以归为"想太多"的状况。"想太多"现今是个非常热门的话题，用谷歌搜索一次就能给你2470万条结果！（补充一点，对消极型想太多的人来说，利用谷歌搜索也是一种非常常见的打发时间的方式。）

　　在撰写本章的过程中，我发现自己花了很长时间在谷歌上查询数据，在思考"想太多"的定义上想得太多。这是积极的还是消极的？是忧虑还是思考回味？忧虑跟想太多是同一件事，还是根本就截然不同？又或者有那么一点儿相似？是我想太多了吗？是的。正如你在前面读到的，这些事情都是密不可分的。

　　就像其他许多临床术语一样，"想太多"一词已经完全融入日常生活，成为我们的生活用语。所以，当你问别人——包括我的同事和我的患者——想太多与忧虑是否是同一件事时，大多数人会认为这两者"同中有异"。有时，这两者会结合成为一个综合体。例如：

　　　　我可以有想太多的情况，这没什么，接着我开始

担忧，然后变得焦虑，进而开始担心自己焦虑的情况，对每件事都想得太多，接着又花很多时间回想自己做过的事，并对自己即将要做的事感到焦虑不已。

为了方便理解，同时也为了让自己免于陷入窘境，我把这个复杂的心理现象称为"忧虑型想太多"。相信你也同意这个名词涵盖了"想太多"的大部分内涵。

临床医生通常会认为，想太多的重点是"它是一种重复思考"，并将其定义为"将注意力集中在人的忧虑症状、起因与结果上，而不是在找出解决之道上"。

他们还认为，想太多和焦虑之间是邪恶伙伴的关系。

健康焦虑

健康焦虑（过去称为"疑病症"）就是想太多的一个经典范例。健康焦虑以"忧虑型想太多"为主要的思维模式，在这个模式下，任何与身体健康沾边的情况，都会引起注意。

情况大概是这样：

早上，你正要清洁牙齿。按照惯例，你先用了牙线，这时你发现嘴里有点儿出血。你用舌头在嘴里展开侦测，发现了一个小肿块。你开始担忧起来——焦虑感立刻浮现。距离出门还有一点儿时间，于是你立刻冲向"谷歌医生"，想求个心安。

输入：牙龈疾病。天啊！1.03亿个搜索结果！

太多了！缩小搜索范围。快！缩小搜索范围！

输入：牙龈癌。嗯，只有375万个搜索结果。尚可接受。好，向下看看征兆与症状。

口腔癌的警示征兆与症状：咀嚼或吞咽困难；口腔或喉咙里，或者嘴唇上有肿块或溃疡；口中出现白色或红色斑点；舌头或下巴活动受限。

这不就是白纸黑字写下来的"最糟的可能结果"嘛！再检查一下嘴巴——对，就是这半小时里你一直在做的事。你的牙龈——就是你刚才一直用舌头去搅的那个地方确实有一处溃疡。是时候去找个医生来确认你最担心的事情了。

当人们感觉到焦虑时，他们的主要目标就是转移焦点，好让自己感到些许安心。当然，牙龈上的肿块（或自认为的肿块）的确是个问题，但重点还是转移焦虑感。有健康焦虑的人会在医学检查与各种检测上花很多钱，以求心安。

检查过后，医生告诉你没什么大碍，只是你刚才紧张兮兮用舌头侦察过的地方有轻微的红肿，擦一点儿舒缓凝胶就能解决。

　　哇，真让人松了一口气！焦虑感消散了——虽然只有一会儿，但也聊胜于无。没多久，"忧虑癌"又回来坚守岗位啦，于是你又开始发作——更多的担忧，更多的焦虑。

作者的叮咛：求心安务必谨慎！

这里想传递的信息是：

你要学会减轻自己的焦虑。

仰赖别人求得的心安只是暂时的。

所有关于想太多的学术细节其实并没那么重要，重点在于重建你当下的思维，让它变得更有用、更以事实为依据。如此一来，你就会更加舒适自在。

当你感到自在时，未必人人都喜欢你，
但你才不会在意！！

身体对想太多的反应

相较于积极型想太多，消极或忧虑型想太多会让身体产生不同的化学反应。这些类型的想太多会激发产生与恐惧相关的化学物质，比如肾上腺素和皮质醇，也就是应激激素。

这些由身体自然的战斗／逃跑／冻结反应（生存反应）释放出来的强烈激素，会让你心跳加速、血压升高，并导致其他生理反应，如下一页图所示。

只要一个恐惧（忧虑）的念头，就能引发上述生理反应。

因恐惧而释放出肾上腺素，是演化出来的有助于我们生存的反应。若是人类的祖先因为灌木丛里的声响而受到惊吓，他们的反应不是攻击（战斗），就是拔腿快跑（逃跑），或是吓得不能动弹（冻结）。一旦肾上腺素上升，人体就会将更多血液传送到肢体末端（例如脚），同时减少送往胃部的血液（抑制食欲，并在你的肠胃中引发紧张的反应）。这就意味着你将跑得更快，

生存反应

头昏 / 晕眩

眼花 👁

吞咽困难

心跳加速

思绪翻腾

恶心想吐

冒冷汗
发抖
打冷战

喘不过气
呼吸急促

虚弱
无力

失眠

因焦躁而不停抖动双腿

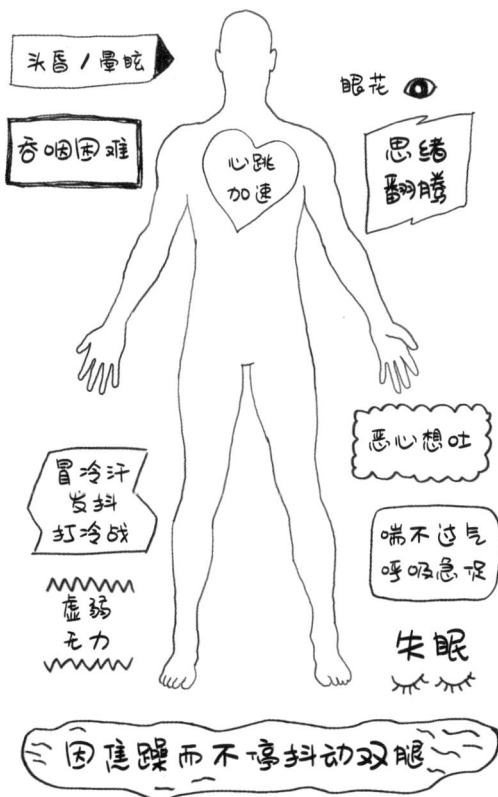

战斗 / 逃跑 / 冻结

有些生理反应其实是身体的"生存反应"
——使你做好战斗 / 逃跑 / 冻结的准备

身体也会变得更强大，以便应对感知到的威胁。

恐惧在远古时代是一种适当的反应。我们的祖先没有时间去确认灌木丛里传出的声响究竟是无害的，还是暗藏着对自己生命的威胁（例如蛇、剑齿虎，或是其他从侏罗纪公园里跑出来的肉食生物）。因此，恐惧对于我们的生存来说是绝对必要的存在！

反过来，恐惧其实也是肾上腺素大量分泌的自然反应，当出现与分泌激素相关的身体感觉时，我们会意识到有可怕的事情将要发生。时至今日，肾上腺素已经被大家解读成发生灾难的指标，而非一种保护机制。在我们所处的现代"丛林"里，会刺激我们肾上腺素分泌的，是我们的思维方式、头脑和想象力。没住在最大的豪宅里，没有一个装满精品华服的衣柜，或是没有完美身材、顶级名车和最杰出的子女，就算这些不会真的威胁到我们，但对某种生活方式的信念还是会将它们错误地解读成实际存在的威胁。一旦我们总因为这样虚无的想法产生恐惧的情绪——这样的恐惧感并非来自实际危及性命的情境，而是自己凭空创造（想象）出来的——

肾上腺素的不断分泌会反过来让我们持续处于一种恐惧和焦虑的状态。

值得一提的是，当战斗/逃跑/冻结的机制被开启时，你其实已经做好非战即逃的准备了。例如：

想象一下，你正在书房里和朋友下棋，烟雾报警器突然警铃大作，浓烟从门缝钻进来，原来是厨房失火了——但你还是决定继续下棋。

怎么可能会是这样呢？理性思考下一步棋该怎么走才不是你当下会有的本能反应。竭尽所能、不计任何代价地用尽肾上腺素产生的所有力量奋力往安全的地方狂奔，才是你真正会做的。

记住，这种反应不是坏事。

分泌肾上腺素是我们面对威胁时的本能反应。

它的存在其实是为了保护我们。

问题是，如果这个机制长时间处在运行状态，使预警系统（战斗或逃跑）不停地开开关关，就会耗损你的身体健康。

举例来说，你将开始出现下列症状：

- 肠胃问题

- 胃溃疡

- 肌肉紧张

- 头痛

- 睡眠障碍

- 疲劳

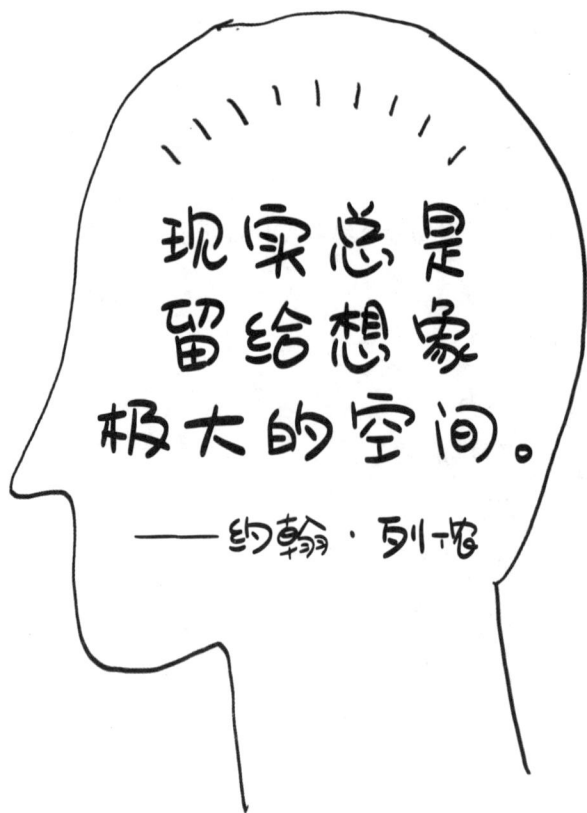

现实总是
留给想象
极大的空间。

——约翰·列侬

重要的是，我们必须认识到，是忧虑型想太多的思维和你的想象力联手创造出了这种恐惧与焦虑，进而导致肾上腺素的相关反应。

第三章

忧虑型想太多的运行机制

下一页的模型图是由认知行为疗法之父亚伦·贝克（Aaron Beck）医生设计的。它从许多方面巧妙地说明、展示出忧虑型想太多会产生的负面影响，这些影响涉及生理、行为、情绪与认知（思维）等领域。同时，该模型图也为治疗提供了范本，这个会在本书第二部分提及。

生理

之所以从模型图涉及的这一领域谈起，是因为生理因素对于焦虑（忧虑型想太多的副产品）的产生起到了什么作用，并不是每个人都知道。

遗传因素和家族病史（例如父母的焦虑症状）有可能会增加罹患焦虑症的风险。有研究者估计，遗传影响占比大概在25%到40%之间（取决于具体的焦虑类型和研究对象的年龄）。

用非专业的话说，所谓的"状态性焦虑"就是人在面对带有威胁性的要求或是危险时所产生的不舒服

认知行为疗法模式

情绪。对许多人来说，这是一种过渡性的情绪感受，会在相对短暂的时间内消失——毕竟，焦虑只是一种预警系统。

另一方面，一个在基因上带有"高特质性"焦虑倾向的人，会感受到更强烈的状态性焦虑，也需要更长的时间去消除各个事件所造成的焦虑感。

我常以如下的例子来说明焦虑当中错综复杂的遗传与环境因素：

想象一下，你回到了孩童时期，在一个晴朗的日子里，你和朋友正在花园里玩耍，邻居的狗兴致勃勃地也想加入。

你和朋友都吓坏了，紧张得放声尖叫。狗主人闻声前来道歉，向你们保证这只狗很和善，而且很喜欢小朋友。"它只是想跟你们一起玩而已。"说完，这一人一狗便离开了，留下你和朋友继续玩。

不过，你跟你朋友的差别在于，你朋友的情绪很快就稳定下来，仿佛没受到任何影响。（如果最严重的恐惧是100，他受到惊吓的程度大概只有60吧。）

可是，有着"高特质性"焦虑倾向的你，仍然处在心跳加速、呼吸急促，还伴随其他与恐惧相关症状的情况当中，你的恐惧已经达到90，感受非常强烈，而且需要更长的时间才能消除。

也因此，若是日后你和你朋友再遇到那只狗（或者其他的狗），就会是这番景象：

你的朋友

你

大相径庭的感受带来截然不同的记忆。你过去感受到的痛苦深深烙印在你的记忆当中，因此，你会产生恐惧反应，想逃离激起你恐惧感的人、事、物；反观你的朋友，她泰然自若，迫不及待地想跟那只和善又爱玩的狗一起打滚。

我很喜欢这个例子，因为它让你对恐惧症的发展有了一个简要的理解。这种恐惧是你记得的恐惧体验——无论那是源于狗、蜘蛛、老鼠，还是海鸥。

聊点儿神经生物学

很多人问我："为什么当我觉得自己不理智时，会有一种完全失控的感觉呢？"

关于这个问题，我们来看看大脑中与人们对各种事物反应密切相关的两个系统，就能得到最好的解释。

边缘系统

边缘系统通常被称作情绪系统（对我们而言，就是大脑中的非理性部分），它是大脑深处的一组结构，在我们面临生存与健康的威胁时会被激活。

当我们置身于威胁之中时，大脑中名为"杏仁核"的小结构会因恐惧而惊声尖叫。其他构造可能会轻松以对，分泌出我个人认为是所有快乐传递素中最有效的多巴胺。

大脑会分泌让人产生愉悦感的四大化学物质，多巴胺不过是其中之一。运动迷会热情地与你分享他们在完成艰辛的铁人三项之后内啡肽飙高的故事；新手妈妈常会告诉你，她们在哺乳时感到十分平静，这是因为大脑分泌的催产素让她们感到放松，也更容易分泌乳汁；出现在大脑和消化系统中的血清素则是最后一个重要角色。我会这么比喻：如果内啡肽带来的感受就像啜饮一杯以伏特加和蔓越莓汁调成的鸡尾酒，那么分泌血清素就等于双倍伏特加再加红牛；而分泌多巴胺（这其中的狠角色），则像是听着迪恩·马丁的低沉歌声，轻啜一杯不加橄榄、不加冰块、不做轻搅、只需摇晃的干马提尼。

多巴胺，轻摇，不要搅动

大脑皮层

大脑皮层是大脑之中最重要的部分（至少在心理学领域如此），我们之所以是人类，就是因为它的存在。它是人脑中最发达的部分，掌控着我们的思考、感知以及构建与理解语言的能力。人脑对信息的处理绝大部分都发生在大脑皮层。我们不妨就称它是大脑的理性部分。

现在，让我们回到那个有关失控的问题上。容我引用神经科学家乔瑟夫·勒杜（Joseph LeDoux）言简意赅（我最喜欢的解说形式）的结论：

> 从情绪系统到认知系统的联结，
> 比从认知系统到情绪系统的
> 联结更牢固。

有一些理论家把这称为"杏仁核劫持"。这些来自大脑深层区域的信息与感受力量非常强大，就像一颗大铁球穿透网袜，可以直捣大脑皮层。

另一个我常被问到的问题是，"为什么当我想摆脱那些令人忧虑的念头时，却怎么也摆脱不掉？"

你有没有注意到，人越是努力想停止思考某件事，就越会想个不停？似乎你越是努力避开那个想法，它就越是会不断冒出来。

让我们来做一个小小的练习：

现在，我要你们把注意力全放在我身上，不要想骆驼，不要想沙漠，不要想有骆驼花纹的坐垫，不要想《国家地理杂志》的封面。我希望你保持专注，不要想骆驼。

结果怎么样？你现在满脑子都是骆驼，对吧？

心理学家丹尼尔·韦格纳（Daniel Wegner）对此是这么说的：

整件事的有趣之处就在于，当你试图避免去想某件事时，你反而会不得不记住自己不该去想什么。因此，我们的记忆——头脑中设法保留想法的部分——就会以这种矛盾的方式激活那个想法。

我喜欢做这样的想象：你的大脑皮层很制式地忙着想办法消除那些关于骆驼的恼人想法。它收到的直接指令是消除所有和骆驼有关的念头。接着，记忆从小睡中醒来，听到了所有关于不去想某事的骚动。

于是，突然之间你又想到了骆驼。

这一切是如何发生的还是个谜，关于我们的大脑至今仍然有着无数未解之谜。其实，我想说的是，告诉一个正在忧虑的人"别担心"是毫无意义的，那大概就像我告诉你别去想骆驼一样。（它们是不是又出现了！）

行为

忧虑型想太多通常被描述为一种"认知行为"。它被归类为一种行为是因为它就是我们所做之事。它不仅是一种内在的思考过程，同时也拥有完整的行为特性。它也包含踱步、叹气、揉揉紧皱的眉头等动作，几乎就像一种仪式化的舞蹈。

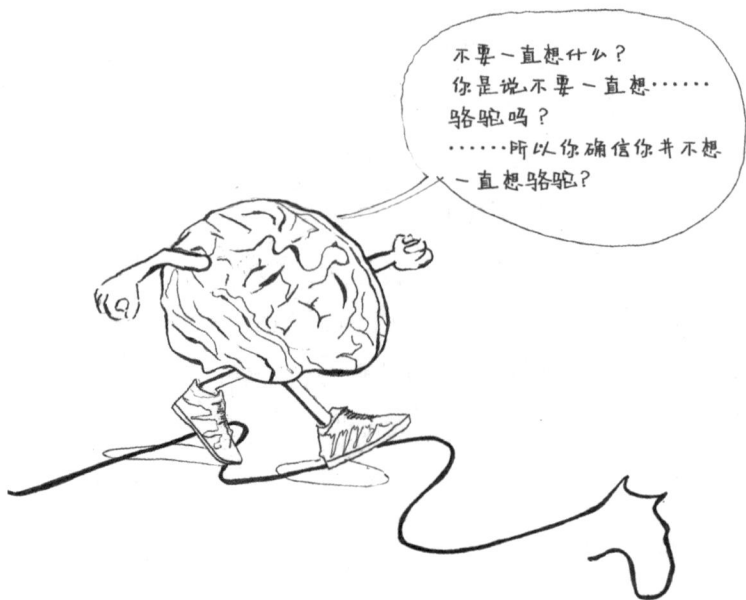

一些理论家认为,这些没有明显目的的行为,会在你想让自己冷静时成为某种形式的干扰;心理学家则一致认为,这些行为是身体在发出信号,告诉我们其实自己已经不堪负荷。

不论这些行为的具体目的是什么,它们无疑确确实实发生了。因此,我们会得出这样的结论:尽管想太多是一种思考的过程,它仍可被定义为一种行为。

就像我在前面提到的,如果你是一个长期忧虑型想太多或容易忧虑的人,那么你的一个或多个孩子就有25%到40%的概率在遗传上有易忧虑的倾向——你自己的情况也可能来自遗传。(回顾一下,我们之前对忧虑的定义是"预测会产生负面且具有灾难性的结果"。)

几乎和每件事情一样,这种心理倾向也是在"先天"与"后天"的共同作用下形成的(我们称之为"表观遗传学")。孩子会通过观察父母来学习处理生活中的挑战(或是如何置之不理)——你也是这样长大的。

大人都这样做

这就是所谓的"角色模仿"。孩子只有在身边的成年人都没事时，才会觉得自己是安全的。因此，你的每一次皱眉、掩面，你的孩子都认真地看在眼里，因为那是他们的生存之道。

他们能听见所有的叹气和喘息，能看见眼泪、垂下的肩膀和你的每一次踱步。他们不仅能看到所有的身体语言，也能注意到周围大人的异常行为。

爸爸可能会说："孩子们，你们要安静了，别去吵你们的妈妈。她现在心事重重。"

这时，可能会有其他成年人出现，为这位妈妈泡一杯茶或是倒一杯酒，通常都是安慰性动作。这些事情发生时，孩子的内心会认为妈妈的忧虑是必须这样严肃对待的重要行为。

一些有忧虑倾向的人可能会花时间独坐、酗酒、拒人于千里之外，而且暴躁易怒。这可能是因为他们在童年时期经历过别人的"沉默以对"（生闷气）。如果从来没有人告诉过你问题出在哪里，也不说明究竟是不是你的错，就可能会造成你的忧虑。

因此，孩子目睹忧虑的行为时，就会相信忧虑是一件重要的事，因为如果大人们这么做，那它必定非常重要，而且攸关生存。

过度忧虑的家长通常都有对子女过度保护的倾向（又称直升机式教育）。这类家长会在无意间给孩子传递这样的信息："这个世界相当危险，危机四伏，为了确保自身安全，你得随时提高警惕。"这会导致孩子产生基于恐惧的过度警惕。

我不是要当一个危言耸听者又来让你想太多！不过，根据目前我们对忧虑的遗传倾向的了解，让你知道相关信息总比提也不提来得好。有道是"有备无患"。

另一个好消息是，现在有很多关于孩子们如何管理自己的恐惧和对付"忧虑怪兽"的优秀书籍。我向你推荐茱莉亚·库克（Julia Cook）的《烦恼机器威尔玛·琼》（*Wilma Jean the Worry Machine*）、道恩·休伯纳（Dawn Huebner）的《当你担心太多时该怎么办》（*What To Do When You Worry Too Much*），以及法丽达·沃尔夫（Ferida Wolff）和哈丽雅特·梅·萨维茨（Harriet May Savitz）所著的《担心让你担心吗？》（*Is a Worry Worrying You?*）。

情绪

如你所见，我们的行为与生理有着不可分割的联系。还记得下一页这张图吗？我们的行为会影响我们的身体，而我们的生理状态又会影响我们的行为、思维和情绪。

与想太多相关的常见情绪感受有：

- 过度焦虑——不安、紧张、压力、烦躁
- 感到紧张或心神不宁
- 易怒
- 情绪低落——提不起精神、意兴阑珊
- 精神痛苦/恐惧

无休止的过度思考让我们的大脑变得高度警觉，不断寻找它认为危险或令人担忧的东西，然后，伴随着前述的各种生理反应（例如肾上腺素与皮质醇过度分泌）产生了恐惧及躁动不安等情绪反应。虽然，你的情绪感

受会受到我们一直讨论的其他所有因素的深刻影响。

让我为你把它们串联起来：

你睡得不好，因为你整晚都在反复思考与担心——可能是工作上或财务上的问题，又或者是子女的健康问题。

就算你想办法让自己睡着了，这个你设法得到的、极其短暂的睡眠，也没能让你在起床后神清气爽。

倦怠、疲惫与焦虑，降低了你对日常琐事的容忍度（其中包括早餐时家人的互动、为孩子上学做的准备，以及交通状况等）。随着容忍度的降低，你极有可能会感到暴躁、易怒。

你的快乐感受渐渐消失，开始对以前还能乐在其中的音乐、烹饪、园艺活动、散步失去兴趣。你可能会发现自己的整体快乐水平降低了，与他人相聚也成了例行公事，而非一件乐事。这种逐渐感受不到日常活动乐趣的症状（失乐症），有其生理上的成因，也被认为是抑郁症的症状之一。

在结束"忧虑型想太多对情绪状态的影响"这部分

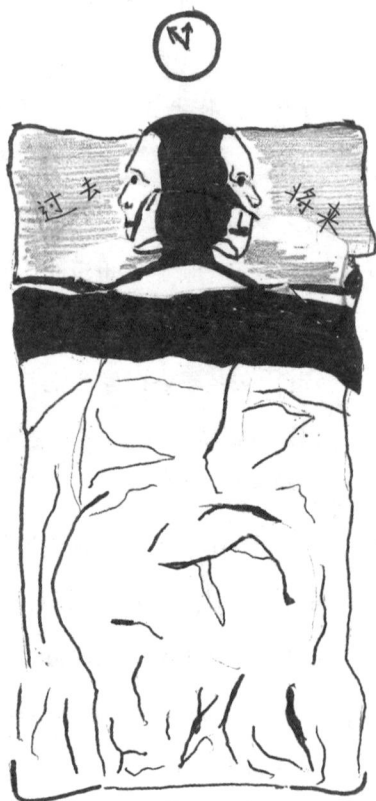

过去　将来

太累睡不着

内容之前，我想说的是，所有研究都明确指出，忧虑型想太多对我们的情绪有着深远的影响，而且跟抑郁症有着密切关联。

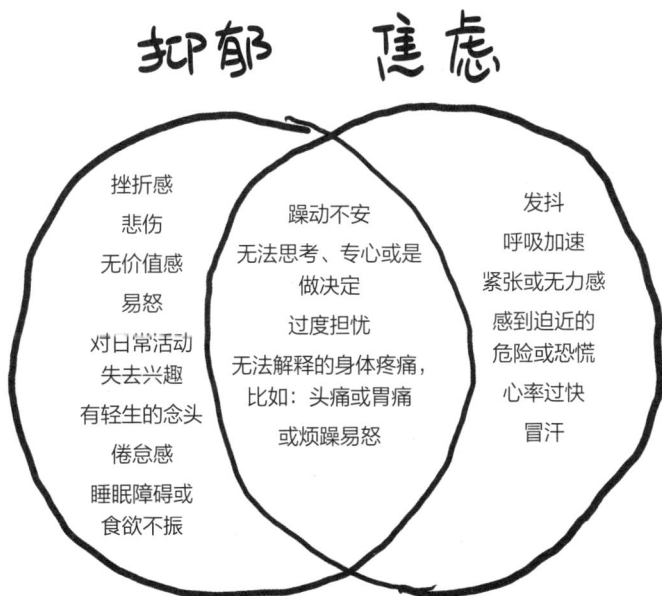

抑郁　　焦虑

挫折感
悲伤
无价值感
易怒
对日常活动
失去兴趣
有轻生的念头
倦怠感
睡眠障碍或
食欲不振

躁动不安
无法思考、专心或是
做决定
过度担忧
无法解释的身体疼痛，
比如：头痛或胃痛
或烦躁易怒

发抖
呼吸加速
紧张或无力感
感到迫近的
危险或恐慌
心率过快
冒汗

正如你在这个连环图中看到的，抑郁、焦虑与过度担忧是密不可分、环环相扣的。我常以汽车电池做比喻来说明这个现象。

请把你的内在能量来源（生理）想象成汽车的电池。如果你始终开着车头的大灯——这就像你遭遇重大灾难（例如家人骤然离逝、一场大屠杀或者毁掉家园的天灾）后可能会产生"创伤后应激障碍"（PTSD），用不了一个小时，你的电池电量就会耗尽。

如果只是开着停车灯或车内灯呢？那样电池会持久一些，但电量最终还是会耗尽。

在持续的焦虑与忧虑型想太多的前后夹击下，你的电量终将会耗尽（抑郁症）——只不过比遭遇重大事件后坚持得久一点儿而已。人们通常会选择"撑下去"，认为他们的感觉很快就会好转，但我们的"电池"可不是这样运作的。

因此，我想强调的是，千万不要忽视这些警告信号。当你察觉到自己的电池电量即将耗尽时，一定要有所重视，因为这是你的身体正在告诉你一些事情。不要忘了那句古老的格言："防微杜渐，忧在未萌。"

认知

我们已经谈了生理如何影响行为与情绪、行为又如何影响生理，以及情绪如何影响行为。然而，在我看来，认知领域才是最重要的，我把它称为"总部"。认知是指思考、理解、学习与记忆这些有意识的心理活动。

且让我举个认知—行为的例子来说明我的观点。如果你手握一支笔，并且保持手不动，你的手和笔都会保持在同样的位置上（除非你的手不听使唤）。当你的大脑向你的手发出信息，让它往左移动时，你的手就会往左边移动——前提是你的思想必须对行为下指令。

这就说明了思考（认知）拥有最终的掌控权。所以我才说它是总部。我们的认知过程支配着绝大部分的行为（惊吓反应例外：例如，当你碰到很烫的东西时，你会不假思索地迅速把手移开）。

这同样适用于其他领域。例如，如果你对某件事想太多，担心你的未来和一切都会分崩离析，你就会开启焦虑（生理）与恐惧（情绪）模式。

关于这种跨领域的相互联系，另一个我认为需要让大家了解的概念是"大脑的思维过程其实是一种生理现象"。大脑不过是你身体的一个器官，而我们的情绪则是一个复杂的情绪调节系统的外在表现形式。这些都是自然且科学的事实。

在当今社会，我们经常以非常抽象、浪漫的方式来谈论情绪与智慧。比如大家通常会说："小斯蒂芬妮在钢琴上真是有天赋！"这个天赋来自谁？来自哪里？也许是DNA以某种不可思议的方式恩赐的吧——我想。

生理、认知与轻生

讨论轻生与抑郁症，就不能不提生理与认知这两个领域之间的联系。我相信，有机体（我们）轻生这件事，并不是大自然演化的一部分。动物都有强烈的求生意志，在最极端的情况下，我们甚至会喝尿、吃同类，好让自己存活下去。所以，在我看来，因为重度抑郁而导致轻生其实是一个疾病过程。

作为一个被诊断为患有双向情感障碍的人，我亲身经历过这个疾病的发病过程，相当耗费心神。每当我陷入躁狂或极度抑郁时，我就意识到这是这个疾病必经的过程。

患有抑郁症的人有时会有轻生的念头。随着病情的恶化，他们可能会开始考虑用哪种方式结束生命。对我而言这并非天性——只有当一个生理过程开始以一种严重有害的方式影响大脑及其认知系统时，才会发生这种情况。

这个主题的确令人沮丧。我也知道轻生的理由有很多种（例如长期的焦虑、冲动失控与滥用药物）。这些因果联系同时也是生理与认知相互作用的最有力证明。

总而言之，大脑和它的认知系统决定了我们的行为与情绪，同时也对我们的生理造成显著影响。这些因素无疑密不可分。

现在，让我们回到那个困扰着你的特定认知过程……

第四章

忧虑型想太多（忧虑）

临床上，我平均每天会看诊7位求诊者，而7个人当中就有6人有焦虑的症状，而6人之中又有4个人有忧虑型想太多的问题。

在了解这些人的过程中，我总会问他们觉得自己是想太多还是忧虑。年纪稍长的人倾向于回答是忧虑，而25岁及以下的年纪较轻者，则说自己是想太多。当我问起想太多的情况时，他们所描述的内容与那些自认为有忧虑倾向的人一样，也就是预测会产生负面的灾难性结果。

所以，从现在开始，我将把忧虑型想太多简化为"忧虑"。不仅仅是能省点儿打字时间，而且在我看来，这两者指的也是相同的认知过程。

忧虑与迷信

许多求诊者都知道，"忧虑"这种思考方式会对他们造成健康问题、睡眠障碍以及倦怠心理。尽管如此，还是有许多人不愿意放弃这种做法（习惯），因为他们相信，这样能保证他们的安全，给予他们动力，并且防止坏事发生。要是他们停止忧虑，肯定会出事。

> 这是错误的观点，
> 也是迷信。

让我为你指出这其中的荒诞之处。假设我们一起坐在我的诊疗室里，我问你："你还好吗？"你伸手去寻找一个离你最近的东西，可能是一个木制品，你摸摸它之后再拍拍自己的头说："还不错。摸摸木头，万事无忧。"

现在，想象一下，有个外星人正坐在房间里看着这一切。

它会有怎样的感觉？可想而知，它会觉得好荒谬啊！那个外星人肯定会这么想："这个人的心情，跟随便摸一下家具或窗框，再拍拍自己的头有什么关系呢？"

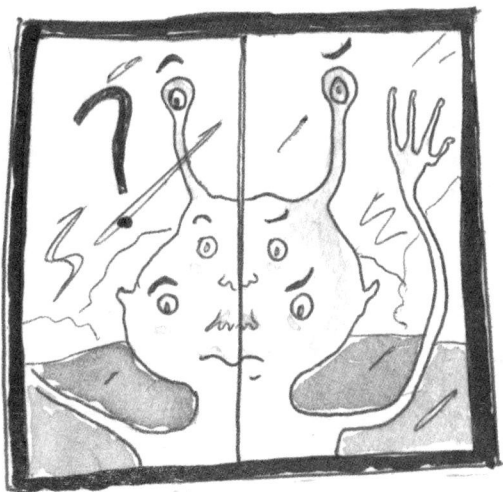

明白了吗？这跟撒盐、避免从梯子底下经过，或是不能在室内打伞一样，是奇怪且迷信的行为。

虽然我不想这么说，

但忧虑也是如此，

它就是一种由迷信行为演变而成的习惯。

让我来为你描述一个场景：

请想象一个有两个17岁女儿的妈妈。女孩们不但要去参加舞会，而且还是跟一群男孩开车去，其中一个男孩是指定的司机。喔，我忘了说还会有酒助兴。当天晚上，人在家中的妈妈开始来回踱步，还不时望向窗外；爸爸看着电视上的体育节目对妈妈说："坐下来，放轻松。就让孩子去玩一下嘛——她们长大了。"

妈妈厌恶地望向爸爸："你就只顾着看电视，当然觉得一切都很美好。我只是希望你知道，总得有个人为这个家操心。天知道如果哪天我不再为这个家操心，会出什么事——这个家就毁了！不是我爱操心，而是你从来不操心，所以只好由我来！"

接着，事情就是这么巧：这群年轻人出了一场小车祸，错不在他们，但是他们全都受了轻伤，被送进当地医院。就在那一刻，妈妈的担心与这场意外相撞了！

因为这个巧合，这位妈妈得到更强有力的证据（从感性角度来看）来证明，不论现在、过去，还是未来，永远都有担忧的必要！现在，这位妈妈仍然相信为孩子

担忧是必要的，这样能避免坏事发生；同时她也相信，要是她当时再多担心一点儿，并且没有被那个只顾着看电视的丈夫分了心，她就能阻止那场意外。

这个例子充分说明了为何忧虑以及对其必要性的信念总是挥之不去。

现在你知道了，
忧虑迷信主要包括这两方面：
1. 迷信忧虑的预防能力；
2. 迷信忧虑的预测能力。

然而现实情况是，忧虑是一种认知（思维）过程。而且，据我所知，光靠思考是无法移动或改变物质的，更别提控制世界上发生的那些事情了。

也许你正在筹办一场户外婚礼，这时你立即担心起来：要是下雨可怎么办？可是，不论你怎么担心，你都控制不了天气。你能做的就是采取行动：搭起遮雨棚。

成非人的
崩溃
就在此洞

想太多会
随时可能会
爆炸

聚焦高
真哦佔
人生需要
move on

想太多会累，又苦又悲

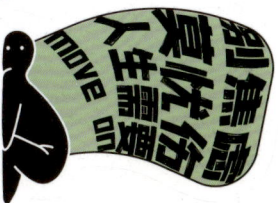

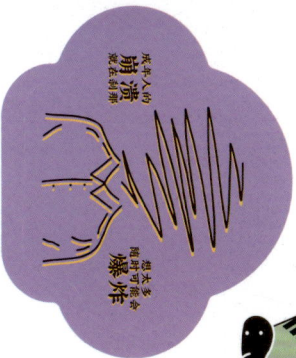

升吉加薪

福

屘

不挂怀才好，天忧天愿

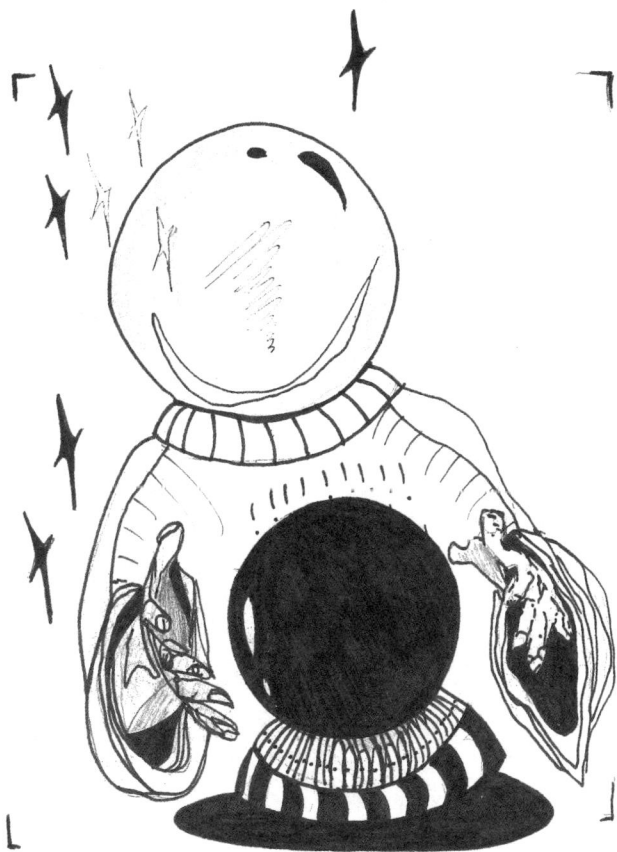

忧虑的预测能力

> 重点是，除了引起肠胃疾病等身体上的不适，
> 忧虑不会为你带来任何好处。

　　对于重要的事，我习惯反复强调，这些正是我希望你能理解的概念！话不多说，让我再说一个忧虑无用的例子。

忧虑有用吗?

　　这里的重点是再次向你强调"忧虑没有用"——因为，除非你相信这一点，否则你一直都不会甘愿放手。

　　请你在脑海中想象这样一个画面：我跟你在我的诊疗室里。诊疗室里有木制窗框、一个小小的档案柜，还有两把舒适的座椅。我们两人各有一杯水。

　　我是你的治疗师，我就坐在你对面，身旁是那个档

案柜。我要你想象自己盯着我的那杯水，想象杯子里装满红酒。还要想象我动不动就把档案柜的抽屉开开关关，同时我的脚也摇来晃去，不安分地动个不停，随时都在有损这杯想象中的红酒的稳定性。

当我坐着时，我开始假装担心可能会发生什么事（预测）。我盯着那个杯子，希望并祈祷它不要掉下来。在预测灾难可能会发生的过程中，我的想法也许是这样的：

> 天啊！如果那杯酒掉在地毯上怎么办？如果污渍去不掉怎么办？如果地毯无法更换，也没法理赔，而我又拿不出钱赔该怎么办？然后如果我失业，甚至流落街头该怎么办？

我一路滑向负面思维旋涡的最底部，这有点儿像是把自己冲进马桶——其实我这么做也无妨，反正最多也只能这样。

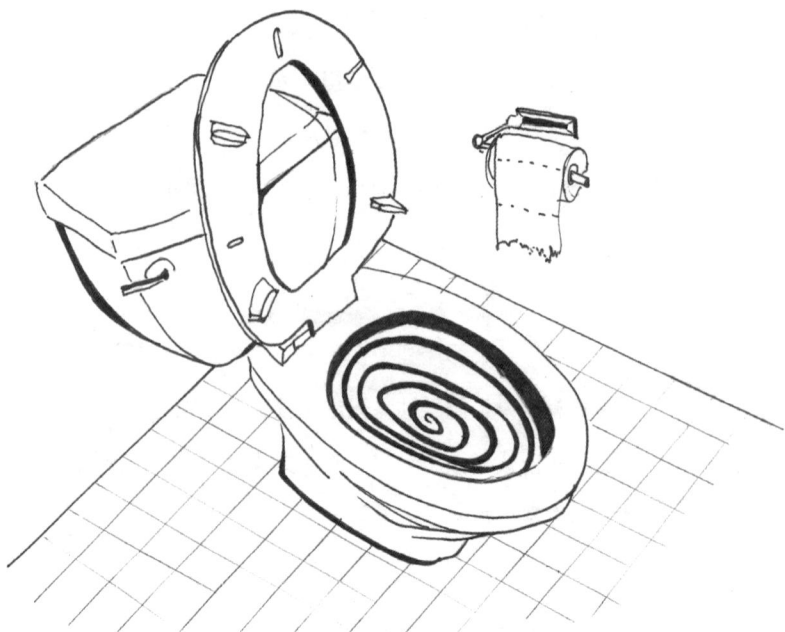

回到诊疗室里的场景。我当然可以一直坐着，想象那个杯子"可能"会掉下去，毁了地毯，导致我失业，最终如我所想的毁了我眼下的事业；或者，我也可以移动杯子，让它离桌子边缘远一点儿，降低它倒下的"可能性"。

从这个例子中我们发现，**行为可以改变结果，而忧虑却什么都改变不了**。这种想象出的负面事件发生的可能性，是通过**行为**而非**想法**降低的。

被高估的可能性

看一看下面的表格，你会发现，所有你花了宝贵的时间反复思考和担忧的事，其实最终只有极少的一部分可能会发生。

我们担心的事情

40%不会发生

30%已经发生，我们对此无能为力

12%是对健康不必要的忧虑

10%属于琐碎小事

只有8%是真正值得担忧的事（其中一半我们无力回天，另一半是我们可以对此做点儿什么的）

　　持续高估灾难性事件发生的可能性，是忧虑者认知的一项特征。你越是高估生活里发生负面事件的可能性，你的焦虑程度就会越高，而且一旦事情真的发生，还会加深你无力应对的想法。

> 当你仔细了解这些事实时，
> 就会更清楚地看到，
> 你其实花了大把时间在自找麻烦。
> 你的痛苦更多来自你的想象而非现实。

"如果"——忧虑魔咒

"如果"这两个字看似无害，与跟其后的内容结合起来却成了引发大部分忧虑的罪魁祸首。下列这些想法，你觉得熟悉吗？

- 如果真的发生那种情况怎么办？
- 如果他们那么做呢？
- 如果我做了那件事，导致另一件事发生呢？
- 如果我处理不了呢？

这个"如果"魔咒，会让你陷入长时间的忧虑状态，持续想象各种夸大了的可能情形，带着你在无止境的负面预测旋涡中不停地打转。

每当你新进入一个忧虑旋涡时，你就在让你的战斗或逃跑机制持续处于运作状态，并会不停地分泌肾上腺素，最终耗尽自己的能量。这也是一种导致你彻夜难眠，隔天起床后无法神清气爽的思维类型。

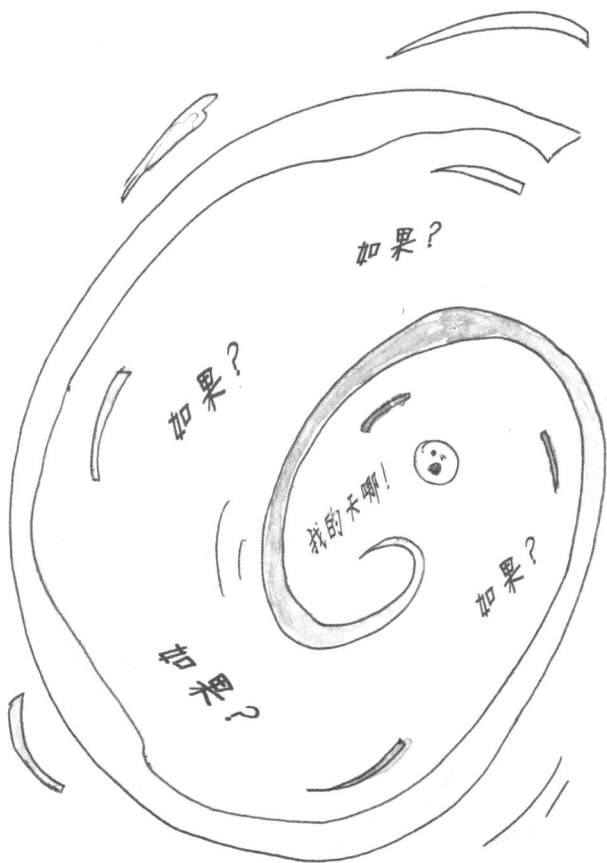

忧虑不仅会使人预测将发生负面事件，
还会预测将产生严重后果。
这就是所谓的"灾难化"。

值得注意的是，这种会引发焦虑的思维模式，并不需要任何现实生活中的问题来触发。所有生理及情绪上的骚乱，都是你的思维创造出来的。其触发器并非来自外部，而是来自你的内在。

本书以上所述篇章的目的，是要让你知道忧虑的复杂性——本书不仅涉及生理、情绪、行为与认知的运行机制，还涉及忧虑本身的复杂性质。

忧虑作为一种认知习惯，是一种棘手的现象，有点儿像女巫——一个狡猾的预言者。

忧虑狡猾地避开逻辑与理性，深植在人的思维当中，而且常常难以根除。我在看诊时常常发现，每当我问就诊者"怎么样？都还好吗？你觉得自己已经完全克

女巫，狡猾的预言者

服忧虑了吗？"的时候，他们就会回答："是的！我现在只担心重要的事情。"

天哪！

遇到更大的问题才忧虑，意味着他们认为忧虑仍然有其存在的价值，而且能够改变现实。我的患者常常相信自己"已经痊愈了"，因为他们已经决定不再"为小事抓狂"，只为人生中的大事烦恼。

> 并非如此！忧虑就是忧虑！

忧虑因为人对其的迷信体系而持续存在，忧虑迷信强化了它的存在感、气势与影响力。应对之道，就是运用以事实为基础的证据，去挑战各种与忧虑相关的迷信看法。

下篇

如何克服想太多

第五章

如何应对想太多：治疗模式

这里只有我和你，以及一块白板

欢迎来到我的诊疗室。这里只有我和你，以及一块白板。我们每周一次的疗程即将开始。（会有作业喔！）

你之前已经填了一些资料，所以我可以根据你提供的资料，为你设计一套治疗计划。以下是你描述的自己的体验：

生理

- 肠胃问题
- 辗转难眠，睡醒也没精神
- 心悸
- 呼吸急促
- 倦怠
- 焦虑

情绪（心情）

- 暴躁易怒
- 挫败
- 沮丧
- 感伤

- 恐惧

行为

- 回避

- 退缩

- 过度担心

认知（思维）

- 悲观

- 自我批判

- 优柔寡断

- 注意力不集中

恭喜你中了大奖！你现在已经被确诊为一个忧虑型想太多的人（忧虑的人）！

白板上画的是"认知行为疗法"模型，这个模型可以完美描述出你的经历（症状）。

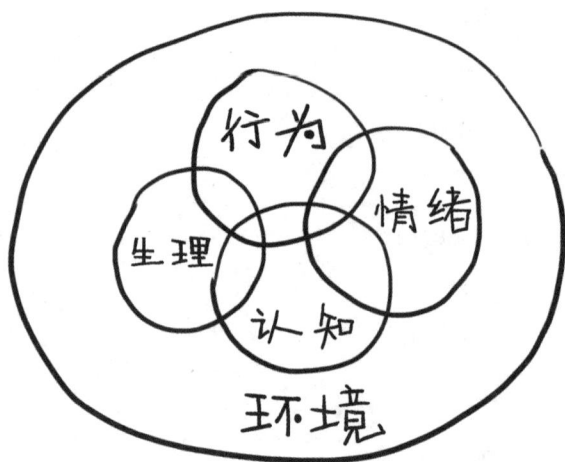

接下来我将解释这个模型如何有效应用于实际。

如图所示：

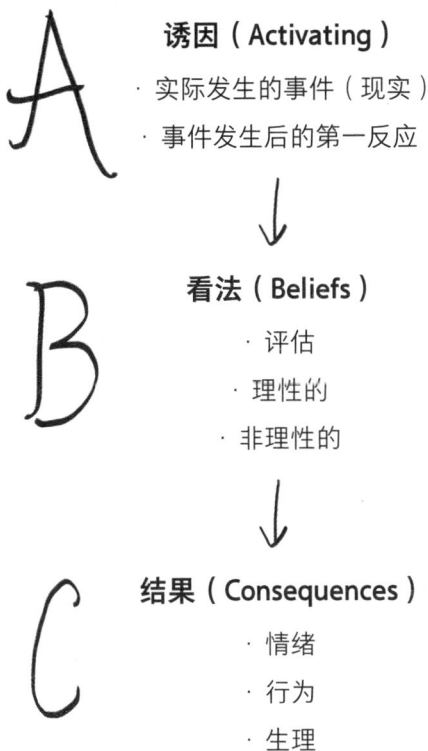

诱因（Activating）

· 实际发生的事件（现实）
· 事件发生后的第一反应

看法（Beliefs）

· 评估
· 理性的
· 非理性的

结果（Consequences）

· 情绪
· 行为
· 生理

A = 现实，实际的事件，诱因

A从来不是真正的问题所在。就像我常说的："现实就是这样！"

正如我之前提到的，引起忧虑的可能是外部诱因，也可能是内部诱因。例如，一通传来坏消息的电话就算外部诱因。

但如果你只是坐在家里，然后开始胡思乱想"如果……该怎么办"，接着，你把自己推进想太多的旋涡，这时，你的思绪就是一个诱因，也就是所谓的内部诱因。

B = 你的认知／思维

这里的"思维"包括理性思维和非理性思维，包括信念、感知与评估等。

认知理论并不是单纯研究"你在想什么"，它感兴

趣的是"你对……怎么看"。换句话说，我们研究的是你对 A（诱因 / 事件）的整体看法。

在认知疗法领域，推理（inference）指的就是你对某件事的评价和态度。例如，"这对我意味着什么？"

假设你和我读了同一本书，我认为这本书不仅激励人心，也很有启发性，可以说是我读过的最棒的一本书了。

而与此同时，你强迫自己翻完这本书——只因这本书是读书俱乐部本月的必读书——还说这是你读过的最无聊的东西。

很难相信我们读的居然是同一本书吧！但这也清楚显示了，不同的感知滤镜和不同的信息处理方式，会导致人们对同一事件的看法和理解截然不同。

因此，在认知疗法中，对思维（换言之，你是如何看待事件的）的关注至关重要。认知疗法正是在这个 B 阶段（思维）起到了干预作用。

不教正面思考

有一点很重要，认知行为疗法的目标不是要教你正面思考——我称之为"治标不治本"。认知行为疗法要教会你的思维变得更有建设性，对你更有帮助，但这跟正面思考不同，后者需要的是一种肯定的态度。

我的意思是，你想想看：你把一半的睡眠时间都用在反复思考和预想可能到来的灾难上，然后早

上艰难地从床上爬起，你不但感觉糟透了，整个人也没有精神。

然后，你走进浴室，对着镜子，反复对自己说：

- "我对自己和他人都很积极乐观。"
- "我不让任何事情伤害我。"
- "我喜欢镜子里的这个人。"

大家可能觉得你是疯子。

可别误会，我不是反对大家积极、正面地去思考，但是若把正面的想法强加于负面思维上，那就像我对你说"别再去想骆驼"一样。

意义的重新归因

在认知理论中，意义是需要"重新归因"的。意思是说，要以一种全新的、不同的方式赋予事物意义。通过学习如何重新归因，你能学会如何将非理性的恐惧转变为对现实的实际评估，从而减少恐惧。

例如，你看到房间的角落里有一只老鼠。你惊慌失措，于是立刻冲出房间——你心跳加速、呼吸急促，因为在你的脑海中，老鼠的"意义"是这样的：

> 天哪，一只疾病缠身的啮齿动物！如果我坐下来，它一定会向我冲过来，爬到我身上，咬我一口！我会染上鼠疫，我受不了了！

但假设你对这件事重新归因，在看到老鼠后，出于卫生原因，你不希望把它留在那里。你会这样告诉自己：

> 它更害怕我，因为我的体型要比它大很多，而它不过是个小东西。

你可以拿起扫把驱赶老鼠，也可以叫人把老鼠赶出去，还可以设捕鼠夹——你开始解决问题了。

只要理性思考那只老鼠的意义——基于事实的思考——你就不太可能恐慌症发作，只知道站在屋外尖叫，直到有人回家救你。

重新归因之后，现在的你是基于事实与实际情况在思考，你的思维是理性的，而且以实际证据为基础，这和你基于想象的、可能还会诱发恐惧的非理性思维完全相反。

你的思维因此变得更有建设性，也更有帮助，而且也更积极了！这种思维的转变正来自你重新归因了你遭遇的事，让它变得不再那么可怕，而非来自在半心半意的正面思考的尝试中堆叠负面想法。

C = 你的反应（生理的、情绪的、行为的）

在讨论C之前，我想先请你特别注意一下下面这个公式：

B（认知）创造出C（反应）

就像前文提过的，惊吓反应不在这个规则之内，因为那是所谓的"条件性情绪反射"。我们可以通过俄国生理学家、医生伊凡·巴甫洛夫（Ivan Pavlov）和他的狗实验来简单了解这一理论。

巴甫洛夫发现，狗看到肉时会不由自主地流口水，但是对没有味道、无法引起食欲的铃声不会有反应。不过，只要把铃声和香气四溢的肉联系在一起，狗又会开始流口水。

这样，狗对铃声就有了条件反射，只要听到铃声就会开始流口水。感谢巴甫洛夫医生……

让我们再谈谈那只老鼠，看一看巴甫洛夫的实验在研究人类及其焦虑反应方面是多么重要。我想先花点儿时间说一下我的啮齿动物恐惧症。（我知道你可能会有点儿震惊——原来作者也有害怕的事情。）

巴甫洛夫条件反射实验

可别把巴甫洛夫跟巴甫洛娃蛋糕搞混了！

想象一下，一个胖乎乎的、可爱的英国小女孩（就是我），从英国（脱欧前）搬到新西兰一个与世隔绝、要靠水力发电的村庄，白皙的皮肤上满是蚊子的叮痕。所有比走过一条小径更花心思的事，对当时的我来说都是难事，不过我仍然努力想融入那里的生活。

我和其他孩子一起跑过一小片松树林（只有我穿着鞋子，光着脚跑步对我来说完全是无法适应的行为）。其他孩子都玩得很开心，我却觉得自己像是踮着脚尖跑过一片恐怖之地。没想到噩梦才刚刚开始。其中一个孩子大叫："不要碰那棵树！"

我抬头一看，那是我生平见过的最大、最可怕的生物——一只树鼠。那只树鼠的"鼠生使命"一定就是跳到我身上，然后用它怪物般的巨齿咬死我！我边跑边尖叫，肾上腺素为我这个受恐惧所驱使的奔逃动作灌注了满满的能量。

这么多年过去了，我还是害怕所有啮齿动物，不论它的体型是大是小。蝙蝠更是我的噩梦，因为它们不但是老鼠，而且会飞！谁都无法用"它们不过是毛茸茸的

记忆让害怕演变成恐惧症

可爱小动物"来说服我——我才不管那是不是事实!

所以,就像巴甫洛夫的狗那样,我对啮齿动物产生了条件反射。所有跟啮齿动物沾得上边的东西,都会激起我相同的恐惧——仿佛我又回到那片松树林,跟那只危及我性命的巨鼠在一起。这就是一种"情绪记忆",就像我前面举的小孩与狗的例子一样。

人类会通过自己的感官来记忆:

· 听觉:噢,这段旋律我记得很清楚,就在我失去童贞的那个晚上。

· 嗅觉:嗯,每次闻到那个汤的味道,我就会想起跟外婆在海边小屋度过的那个夏天。

· 触觉:我喜欢细沙在脚趾间的感觉,这让我回想起跟初恋在海边漫步的情景(最后我还是被甩了)。

· 味觉:从我有记忆开始,海盐酸醋味就是我最爱的薯片口味。

情绪记忆

在感官记忆中，最常被忽略的就是情绪记忆：那些对情绪的生动记忆。情绪记忆可能无法还原事件发生时那么强烈的感受，但仍然会给人带来相当程度的欢乐或痛苦。

与记忆相关的情绪来自杏仁体，一旦这些情绪记忆被激活，它们就会将过去的感受呈现在当下。（还记得第45页提过的大铁球吗？）

如果这个被触发的情绪记忆来自某件令人害怕的事情，就会引发强烈的痛苦。接下来，我会教你如何测量痛苦的程度，这会是你家庭作业的一部分（详见下一章）。

第六章

疗程开始

A　是实际情况，
不是问题所在。

↓

C　是问题所在。
人们寻求
治疗的协助，
是因为他们感觉很糟，
而且不喜欢
自己处理事情
的方法。

↓

B　是认知，
就是干预疗法
介入的地方。

我们回到 A — B — C 这个运作模式。前面我将顺序改为 A — C — B，是为进一步解释这个疗法如何运作。

没有人一早醒来就想着："我一定要去看心理医生，花一大笔钱，请他检查我的思考是不是基于事实与证据。"但事实上，你的反应就是由你的思维创造出来的，并反映出你的思维模式。因此，要改变你的反应，就要先改变你的思维模式。

你之所以认为自己不需要改变思维，最主要是因为在绝大多数时间里，你的思维提供给你的信息都是以事实为根据的。

你走进房间，看见一把椅子，你知道那是用来坐的。

路上看到红灯，你知道那表示要停下来；看到一杯水，你知道是喝的，诸如此类。

大多数时候，你都没有理由去质疑你的思维。然而，就像我提到过的，问题恰恰是要从思维上去解决。

我发明了椅子，这是用来坐的。

当你的思维对你没有帮助，
并且影响到你的人际关系时，
就该接受治疗了！

看到这里，我非常希望你对认知过程的运作方式和重要性已有了更深入的了解，因为这些知识对你能有所帮助。本周的功课，就是实际运用这些理论。

　　首先，我们要先收集一些专业上被称为"基准数据"的数据：在测量出起始点的基准数据之后，一切按计划进行。就让我们从"焦虑车站"开始吧。

焦虑车站

　　以下是一张"想法记录表"，有时也称为"思想日记"。它为你提供了一个模板，用来记录一周之内因为思虑而感到痛苦的经历。

　　也许你认为用手机记录思维活动会更方便，这我倒是不介意，只要下回上课有数据就可以。

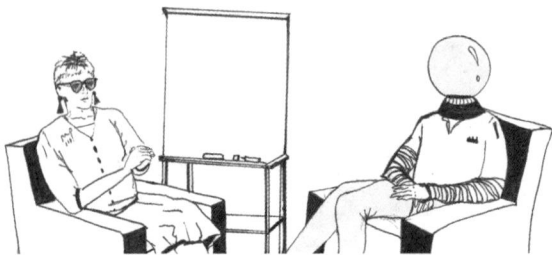

A	B	C
状况	**想法**	**情绪**
描述这个令人沮丧的状况（描述事实就好）。	描述两三个在你脑中浮现的想法（当你感觉很糟时，想法通常都是负面的）。	你有什么情绪感受（伤心、焦虑、生气、罪恶感……)?从0到100，评估你的情绪感受程度。
		生理 你出现了哪些生理症状?
		行为 你有何反应或行为?你做了什么?或者没做什么?

思想日记：了解想法、情绪和行为之间的关系

第一次使用想法记录表的小诀窍

A：状况。这部分只需描述事情发生的实际情况。不要记录反应或想法，只陈述事实。简明扼要。保持专注。

B：想法。这些想法一定是自然而然流露的，犹如一条意识的小溪。你想怎么胡言乱语或充满负面想法都行。什么都可以，就是别去审查你的想法。你在动笔写时可能会想："我是在写什么！要是格温多琳医生看到这些，一定会认为我脑子有问题。"我要的就是越疯狂越好啊！我得知道你是怎么想的，而不是你认为你应该怎么想。如果你希望这件事能成功，那么请务必诚实。请记住，如果这是发生在诊疗室里的实际疗程，可是要花掉你大把钞票的！

C：情绪。你可能会觉得，在记录行为之前先记录情绪比较容易，毕竟情绪是最先出现的。

你也注意到了，我在这里写下了"从0到100，评估你的情绪感受程度"。这里使用的是"主观痛苦感觉单位量表"（SUDS）。解释一下：你的痛苦程度就是你个人感受到的不舒服的程度。

很多人为了逃避自己的真实感受，都会说："坐在这里说那些鸡毛蒜皮的小问题，让我觉得自己很蠢。相信别人的问题一定比我的大得多。"

也许是，但那与你无关。如果你只想通过比较来解决问题，那你其实不需要来做这个疗程。只要一早就看电视，盯着报道台风肆虐、饥荒严重和种族屠杀的新闻，你就会觉得自己的世界好得不得了。这样不行！完全没有意义！

C：生理。在这里写下你的生理状况（例如心跳加速、呼吸急促、手心冒汗等）。

C：行为。在这里记录下你在烦恼时会有的行为，例如踱步、不接电话、忧心忡忡。

这些基准资料有助于评估你不适程度的变化，当然，也能帮助你看到你的进步。

就算不是每一条记录
都很完美也没关系。
这不是考试。

一开始，你可能会觉得要分辨出想法和反应有点儿困难，对事件的描述也可能有点儿冗长，没关系，这都不是问题。就算只写一条也可以！

我们下周再见。

第七章

认识思维病毒

欢迎回到我的诊疗室。

我：嗨！上个星期过得怎么样？

你：还不错。我把一些没那么顺心的事情都记录下来了。

我：太棒了！我上个星期过得也不算太糟，我还在写书。不说我了，让我来看看你都准备了什么。

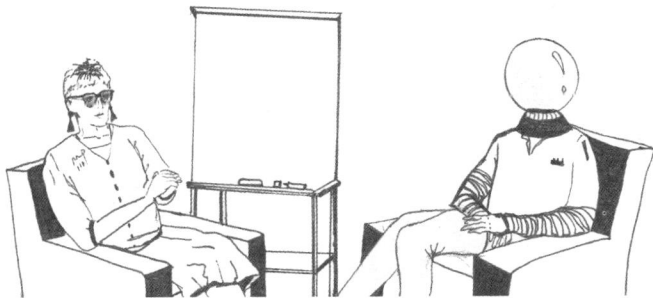

A	B	C
状况	**想法**	**情绪**
上班时收到一封备忘邮件。 周四召开重组会议。	糟糕，就是这个！我一定会被开除的！ 老板一定认为我是多余的。 大家都打算把我给开除掉。 如果永远找不到新工作该怎么办？ 我对这个家毫无贡献。	沮丧、难过、恐惧（90） **生理** 心跳加速 呼吸急促 紧张不适 **行为** 不接电话 担心 来回踱步

我：不错！这是一个很棒的开始。你把所有反应与想法都填在了适当的序列里。分辨想法和反应是最难学会的事情之一。

在我继续分析你的记录之前，我先向你介绍一下接下来会用到的认知语言——"思维病毒"或思维错误。它们是一种感知滤镜，你通常不会发现它们在扭曲你对现实的感知。

为了介绍它们，我将把大脑比喻成计算机来说明。

计算机—人脑的类比

如果你将处理信息的大脑想象成计算机，那么大致会是如下的情况：

1. 你有一块硬盘，你所有的核心信念与价值观从很久以前就储存在这里。其中包括你早期的生活经历、角色扮演，以及你的价值体系。

2. 接着是软件包。你的生活规范与处世态度全都储存在此。这些生活规范常以"如果……那么……"的形式出现在你的思维里。当你还是个孩子时，你学习这世界是如何运作，以及世人是怎么生活的。例如：你发现，如果你做出某种行为，你的妈妈就会非常生气；如果你做出不同的行为，她就会很开心。当你步入成人世界后，你又从你的伴侣、上司，或是亲近的友人身上获取规范。

3. 再之后就是屏幕了。你在日常生活中产生的想法，都会呈现在这里。

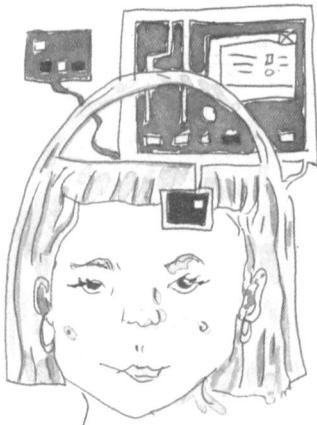

大脑的诡计——当你的大脑欺骗你时

让我们继续以计算机做比喻。如果大脑中出现了相当于计算机病毒的东西，你的想法也会变得不理性。这些不理性的想法会诱发夸张的情绪反应。然而，你却相信这些想法是真实可信的——这也正常。

在下文中，我列举出部分"思维病毒"。这些小小的"思维病毒"会侵入你的认知处理系统，进而大肆破坏你对现实的理解与管理能力。（我还把这些内容放在了书的附录里，以便你随时参考，因为你得熟悉这些东西，以便它们作怪时，你能立刻察觉到。）

思维病毒

非黑即白思维

我们总是以非黑即白的眼光看待世界，常使用这样的语言：总是 / 绝不、没人 / 每个人、每件事 / 没有一

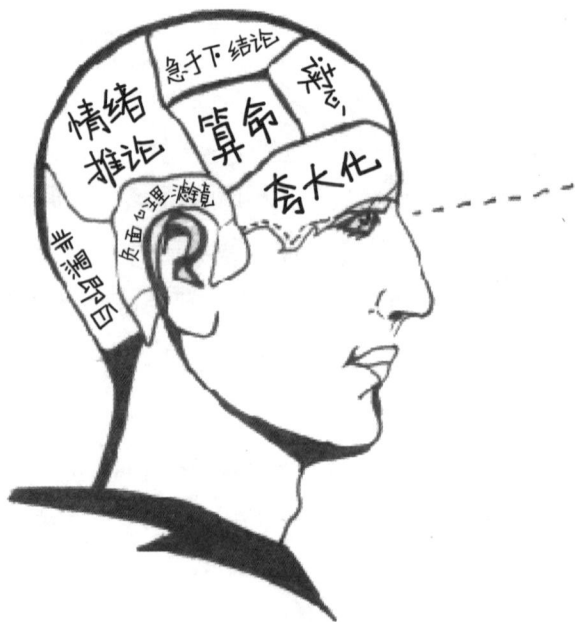

件事。这是一种非常僵化的思维方式，不给生活中各个方面的"灰色地带"保留任何空间。这种思维方式非常极端，想必你我身边都有这种"非黑即白"的思考者。你很难跟这些人讨论事情，因为他们永远都认为自己是对的。"不听我的就拉倒。"这听来应该非常耳熟吧。

过度概括

这种扭曲的思维方式会把不过是不算太好的单一事件，视为一辈子都会不幸的前兆；而令人不太开心的事件，也会被看作永无绝期的挫败模式。我再次重申，这种诠释方式非常极端，而且带有强烈的悲观主义色彩。

负面心理滤镜

假设你买了一组滤镜，只要戴上它们，你见到的就都是人生的黑暗面，生活中所有积极、欢乐的部分全被过滤掉了，那么不论遇到什么状况，你都只注意事情消极的一面。

这个滤镜和抑郁及焦虑的关系尤其密切。当然了，习惯性忧虑的人常会通过这个滤镜看待世界。

剥夺正面感受

这种思维病毒不仅使你专注于事情消极的一面，也会过滤掉你所有的正面感受。就像有人对你优异的工作表现表示祝贺，而你却回道："哦，谁都能做到，没什么了不起的，我只是运气好而已。"

这是另一种持续以负面思维看待个人、世界和自己所取得的成就的方式。

急于下结论

急于下结论主要以主观臆测为依据。单纯源自个人信念的思维和对事件的负面解读都是没有事实根据的——正如我之前说过的，信念不是事实。

这种思维病毒有两个要素，二者对各种形式的焦虑的产生都起到很重要的作用：

1.读心

这是一种基于心血来潮的念头，你武断地认为别人对你抱有负面的想法，而且毫无证据可以证明这种想法符合事实。这种臆测当中有两个非常神秘的元素：

- 他们正在想关于你的事，虽然在绝大部分时间里，他们想的都是自己。

- 别人对你的负面看法与你此时的内心想法完全一致——这还真是某种极度邪恶的黑魔法！

你现在可能会有一点儿困惑：你觉得其他人也同样知道你在想什么，但其实你想的只是你自己。

这个过程中还存在另一个现象，我们称之为"投射"（由伟大的弗洛伊德创造的术语）：你一直相信自己能看透别人的心思（其实你不能），而其他人也能看透你的心思（事实上他们也做不到）。这种错误又多余的想法会让你在与他人互动的过程中，感觉自己容易被看穿，而且脆弱得不堪一击。

2.算命

噢，如果真有这种能力就好了！但事实上并没有！

想象一下，你所有的问题都能通过预测出彩票中奖号码来解决。是的，这种思维病毒就跟这个幻想一样荒谬。

这是想太多的人最喜欢的消遣活动——不断预测会产生负面结果。

下面跟着我一起唱：

不过，如果那样，会怎样？

那么它就会，那么你就会，

那么我就会……

然后一切都会变成垃圾，
就像我之前跟你说过的那样。

因为，宝贝，难道你不知道我是算命大仙吗？

事实就是这样：你不会读心，别人也不会。同时，你也无法预测未来。就算你担心发生的坏事确实发生了，让你以为自己真有这种特异功能，也请务必记住，这都只是巧合！

请记住：

感受不是事实。

信念不是事实。

可别被搞糊涂了，思维病毒不过是大脑用来说服我们相信一些缺乏现实依据的想法的手段。而这些想法会进一步强化我们的负面思维或情绪，例如，持续感到哀伤、焦虑与抑郁——这些还只是其中几个例子而已。

夸大化、灾难化

我们常听到这样的话："我的天哪！！！比得克萨斯州还大！太大了！"——是把鼹鼠洞说成小山丘的程度！你夸大，夸大，再夸大，不断放大自己的情绪，直到不堪负荷而筋疲力尽。这不一定是你一个人的问题，任何人都可能轻易戴上这种滤镜。

夸大化+灾难化

现在正是给忧虑下定义的好时机:

"对未来的　　负面的　　灾难性　　预测"

↓　　　　　　↓　　　　　↓

负面滤镜　　灾难化　　算命

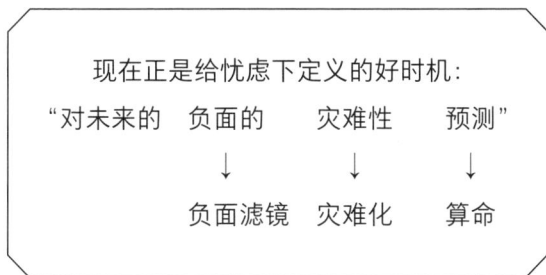

你开始认识到这些思维病毒如何各司其职地扰乱你的大脑。接下来,让我带你再多认识几种思维病毒吧。

缩小化

即夸大化的反面。犹如你把一座大山缩小成一个小小的鼹鼠洞。这么做,让你否定了自己的能力和令人称羡的特质,同时也降低了你体验任何快乐的可能性。

我想说的是,就请帮你自己一个忙吧。如果你含笑九泉时还保有反复思考的习惯,就把缩小化和剥夺正面感受这两件事留到那时再做好了。

情绪推论

相较于算命与读心这两种思维，情绪推论并不明显，但它在不易察觉的伪装下，还是隐藏有强大的力量。情绪推论会用"因为我感觉到某事，所以某事必定为真"这种想法来说服你。

每当讲到这部分时，我就会提到著名的认知行为治疗师与作家大卫·伯恩斯（David Burns）。他在《好心情：新情绪疗法》（*Feeling Good: the New Mood Therapy*）一书中，已经巧妙地写出我想表达的一切，那么在此我就不再赘述自己的看法：

> 你的抑郁（负面）感受虽然扭曲，却还是创造出了一个强而有力的幻觉。让我直截了当揭穿这个骗局——你的感受并非事实！事实上，你的感受本身根本什么都不是，那不过是你思维的反映。如果你的想法不合逻辑，这些想法所创造出来的感受，也就像你在哈哈镜中所见的影像那般荒谬。但这些不正常的情绪感受，就跟符合事实的想法所产生的感受一样真实

可信，也因此，你会自动将其诱因归类为事实。

我敢说这一定让你开始思考了。如果没有，那么就再读一次！

回到情绪推论。你有了恐惧、绝望、伤心的感受，接着，你开始相信这些诱发焦虑感的非理性想法，而你在意识到这些之前，其实早已为自己买了一张"忧虑螺旋飞车"的入场券。

复习的时间到了：

B（你的认知／想法）评估了A（事件／现实），于是创造出C（情绪／行为）。

> 你的感受是你思维的反映。
> ——大卫·伯恩斯

认识到这一点非常有必要，因为这是开始改变的关键。

认知推论

认知推论建立在臆测的基础上，这一点与跟它实力相当的情绪推论十分相似：因为你认为某事是真的，甚至也相信它是真的，所以它必定为真。

再次提醒你，除非有事实根据，否则它一样不是真的。

想象一下：

你还是坐在椅子上，而我站在你面前问你："地球是平的吗？"

你脑中一瞬间会浮现出这个想法："我该换个治疗师了。这个治疗师已经与现实脱节啦。"接着，你坚定地回答："不，地球当然是圆的。"

我摆山挑衅姿态，低头看着我的脚说："可是，我觉得地球是平的。"（情绪推论）"它看起来就是平的，而且我也站得笔直。如果地球是圆的，我怎么可能这样站着？我相信地球就是平的。"（认知推论）

现在，对这出闹剧有点儿厌烦的你直言："事实上，地球就是圆的！这是有科学根据的。"

重点就在这里：这是有根据的。

相信其他没有根据的事，就是认知推论。

> 我再说一次：信念不是事实。

生理推论

现在，你对认知推论与情绪推论应该已经有了基本的了解。一件没有事实根据的事情，你却说服自己信以为真，我认为，一定是有其他因素参与促成了这一点。

生理感受往往是我们在痛苦之际最先意识到的。还记得那个牙龈肿块（见第21页），以及那些搜索结果是如何放大我们对健康状况的焦虑感的吗？然而，这种因生理感受所产生的焦虑现象，你无须经过自我诊断也能感受到它们的存在。

例如，你一直都没睡，你感到疲惫不堪和持续的焦虑，接着你的肠胃开始作怪，随后你开始对可能会发生的情况进行消极的过度思考。你不停地想啊想，把自己带回忧虑旋涡中，最后进入自我诊断阶段（还有谷歌医生的鼎力相助）。诊断结果：如果当天是黄道吉日——阑尾炎；如果当天诸事不宜——肠癌。你通过解读自己的生理信息并赋予它意义造成了自己的恐慌。

用A—B—C的步骤模式来描述是这样的：

A（事件）→B（想法／赋予的意义）→C（反应：情绪／生理／行为）

A：事件

肚子痛

B：想法

天哪！怎么这么痛？

我这辈子从来没这么痛过！

受不了了！我一定撑不下去了。

怎么办？怎么办？怎么办？我得肠癌了！

C：情绪

恐惧、焦虑、痛苦

C：生理
心跳加速、呼吸急促、冒汗、肚子的疼痛感加剧

C：行为
担忧、继续上网搜索、踱步

所以你看，生理推论一直都在运行。

胃肠神经病学——两个大脑

现在，我要向你介绍一个与肠胃有关的重要信息，来补充说明上述情况。

我们非常重视自己内在的感觉，所以常有人会提到他们的"直觉"（gut feelings），并以此作为做决定的基础。我们的肠胃（gut）的确有"感觉"，不过一想到人体内95%的血清素受体就位于我们的肠胃里，也就没什么好惊讶的了。

这也是神经科学令人着迷之处。你很有兴趣吗？那就让我再为你送上神经生物学中另一小碟前菜。我敢说，你一定不知道人的消化道里也有脑细胞（又名肠神经系统），这些神经元被视为我们脊椎上方的大脑之外的第二个大脑。最新的研究显示，这些神经元有可能是我们哺乳动物类的祖先进化出的第一个大脑。

这两个大脑的联结存在于许多令人痛苦的事情上，生理和精神上的都有，例如焦虑、忧郁、溃疡、肠易激综合征。研究也显示，大多数有焦虑与抑郁症状的人，同时也会有肠胃问题。

——埃默伦·迈耶（Emeran Mayer）博士的《肠道、大脑、肠道菌》

因此，当我说忧虑型想太多会引发焦虑，而焦虑对你的健康，尤其是对肠胃系统会造成不良影响（例如肠易激综合征）时，我可没在跟你开玩笑。

如果你对"第二大脑"的研究感兴趣，哈里特·布朗（Harriet Brown）发表在2005年8月的《纽约时报》上的《一个大脑在头上，一个大脑在肠道》（"A brain in the head，and one in the gut"）一文，值得你读一读。

个人化

这种思维单凭一己之力就能造成许多情绪上的痛苦，因为它使你认为，所有本与你无关，或是你本无须负主要责任的外部事件，都是因你而起。你会因此感到自己像是被剥光了一样，不堪一击，有罪恶感，从而逐渐出现退缩与回避的反应。如果你开始因为外部事件而自责，你就会产生愤怒与无力感。

这种思维扭曲虽然会造成痛苦与脆弱，但同时也带有相当程度的自恋成分。因为这种扭曲是基于"我身边的事物都与我有关"的信念产生的。

发信息就是个人化的经典范例。你在下午稍早时给你的伴侣发出信息，悠闲地期待很快就能得到回复嗯，这还算合理。

三十分钟过后，你还是没得到回复。

是时候检查一下手机了，得确认下它是否是开机状态，再检查下是否被调成了静音。你还将手机关机，然后重新开机，因为在你发完信息后，网络可能出了问题。接着，你开始重复发送相同的信息。

嗨，是我。收到我刚才发的信息了吗？

嗨，又是我。没什么大事，只是以为会收到你的回复。

没事吧？

那个，我为昨晚说过的话道歉。我只是开玩笑，但我想你可能误会了我的意思。爱你喔！亲亲。

你到底有没有想要给我回信息？

好！随便你！你他妈的没办法接受那个玩笑就算了！我要搬出去！！！

嗨，亲爱的，刚刚在开一次紧急的董事会。怎么了？

看起来很眼熟吧？我就知道！你发现就是这个思考过程在你脑中不停地徘徊，就像一段关不掉的旋律了吗？你发现自己"想太多"了吗？

如果你忘记有这回事，或者此时脑子里都是"骆驼"，下面这个脚本可以帮你回忆起或意识到这一思维病毒。

让我们开始吧——想象你的想法把你带入那个旋涡，体会那种被冲进马桶的感觉……

嗯……还是没回应。就算她正在忙，通常也会找时间跟我联系。不妨再发一条信息，都过去十分钟了。

我多等一会儿再发下一条吧，不然她会认为（读心术）我想控制她，然后她就不会回家了（算命、负面心理滤镜）。

×的！如果她要玩这个游戏（认知与情绪推论），老子可不奉陪！！（灾难化、持续个人化）

我都跟她道歉了，她竟然还是不回应。她以为她可以把我当傻子耍吗？（更多的读心术、负面滤镜、认知与情绪推论）

我受不了了！！

最后这个想法把我们引向下一种思维病毒。

我受不了了！！！

这是剥夺你最后一丝容忍度的最佳指令。从你告诉自己一天、一分钟、一个字你都再也忍耐不了的那一刻起，你就开始相信自己是真的受不了了！

一旦这个思维过程启动，你的心理韧性就会瓦解。在这个难以承受的时刻（别忘了，这是你自己想象出来的），你要么流泪崩溃，要么怒火中烧——这两种反应都是不必要的，而且也不是你实际上计划要进行的。

当你相信自己"无法忍受"某事时，你也是在告诉自己无法接受新状况，因为它们会为你带来压力。例如：

> 我没办法在聚会上和陌生人聊天，因为他们会觉得我很无聊，我不知道该说什么，这会让我看起来很蠢。我就是做不到。我受不了了！

在我看来，这段话包含了很多急于下结论的部分和"我受不了了"这样的想法。

你告诉自己不得不去克服的那些障碍，只存在于你的头脑中；事实上，没有任何障碍在妨碍你去和人交谈。所谓的障碍只是一种认知扭曲。

回头看看你人生当中经历过的最糟糕的情况：有可能是失去父母、历经一段不堪的婚姻，或者是失业。

但你还是好好的，不是吗？所以我猜你挺过来了。因此，依据实际情形而产生的思考应该是这样的："目前状况不太好，但我经历过更糟的，并且也想办法渡过了难关。"

各位先生、女士，请一定紧紧跟随事实的脚步！

你告诉自己不得不去克服的那些障碍，只存在于你的大脑中

贴标签

本质上，贴标签跟过度概括是一样的，但贴标签更像是你在发现了自己的错误之后，立刻冒出"我老是犯同样的错，我真是智障！"这样的念头。

当然了，你也会把这种想法投射在他人身上："他没有一次做对过，干脆我自己来好了！白痴！"

这些明显都是非常情绪化的神经语言（思想的语言），有可能在你的大脑中引起战争。

应该、必须与不得不

这部分内容非常重要，所以我要留待下个疗程说。下周见！

第八章

应该、必须与不得不

我：有什么要告诉我的吗？好事、坏事或其他任何事都可以。

你：我在短信的事情上反应过度了，所以现在睡在父母家的沙发上。认知这东西什么时候开始起作用？我认为它应该帮我管理一下我的情绪。

我：嗯，我们只见过几次，学习认知疗法就像学习一门新语言——唯一不同之处是认知疗法专注在思想的语言上。再撑一阵儿，马上就起作用了。

就像我在上个疗程里提到的，我们需要多花点儿心思在"应该、必须与不得不"这种思维病毒上。

首先，"应该""必须""不得不"这三个词的含义基本相同，因此会在情绪、生理与行为上造成相同的反应。

从如下表格可以看出，这种"应该……"的表达方式破坏力有多强大，尤其是对你对自己、他人或整个世界的感受。

想法	影响
我本应该	罪恶感、悔恨
我本不该	罪恶感、自我厌恶
他们本应该	愤怒、挫败、失望
他们本不该	怨恨、愤怒、挫败
我不得不	压力、紧张、义务
我必须	更多压力、更为紧张

嗯，这还真是一张令人悲伤的表格啊！看看这些可怕的情绪，以及生理上的紧张与痛苦，而我们到现在却还在相信"应该"怎样，让它在我们的头脑中占据主导地位，这真是太让人惊讶了！

我对于"应该"这个词一直坚持的看法是，跟"必须"和"不得不"一样，这是一个以控制为出发点的词。几个世纪以来，某些宗教就利用这样的语言所产生的控制力与罪恶感来操纵他们的追随者。

多年来，我在这方面一直备受挑战。有人说，如果将所有带有控制意味的词从我们的思想与信仰系统中移除，将会导致无政府状态。我还记得有一个曾和我共事的人，他是一个被负面思考控制的人，当我建议他把"应该""必须""不得不"这些词从他的思维词库中删除时，他十分震惊：他很担心自己会失去动力，从而导致失败。是的，很多人都担心自己因此失去动力。

> 然而，由恐惧而生的动力会使人生病。
> 想做某事的欲望，
> 才是真正动力的来源。

谈到"应该"这个词，就要从认知理论对此的分类说起。

指导型"应该"

我们就是用这种方式来教育孩子的。例如：孩子"应该"学会不把叉子插进电源插座。这种"应该"是希望降低孩子触电的风险，所以这是有帮助的"应该"。

在提供使用说明，比如计算机或某些机器的使用方法说明时，也会用到指导型"应该"。例如："在你启动软件前应该先启动这个，否则计算机将会死机。"这也是有帮助的且有事实根据的信息。

> 指导型"应该"是有帮助的。

说教型"应该"

说教型"应该"是会出问题的。例如："你应该照我的方法去做，因为我的方法才是对的。""你不应该信仰那个神，因为我的神才是真神。""你不该开那辆车，因为它非常差劲。"

> 说教型"应该"基于价值观、
> 信念与期待。
> 但有谁的信念是绝对正确的吗?
> 没有。
> 信念并非事实。

在使用"应该""必须""不得不"这三个词时,你得特别小心。因为它们会给人造成压力,而压力会导致疾病。

那些"应该"一旦披上"期待"的外衣,也会给你的人际关系造成困扰。通常的情况是,你认为大家的想法和做法都"应该"跟你的一样,然而,他们并不会这样。

这里有一个例子:

请想象一下,我是你的邻居。(如果这个想法对你有点儿过分,那就采用"骆驼法"来强化好了。)

　　总之，我走向你，开口向你借那台你上星期才买的

全新割草机。

你（很紧张）：当然可以。不过用的时候请小心点儿，它是全新的。

我：没问题。非常感谢。

差不多过了整整一个星期，我都没把割草机还给你。在这期间，你还看到有好几次它被搁置在雨中。可是为了避免冲突，你什么也没说。

但是这一整个星期你都会忍不住想："她**不应该**这样对待我新买的割草机，至少也该拿个东西把它盖上。她**应该**很清楚自己在做什么。我当初真不**应该**借给她！"

看到这些"应该"了吗？看到它们在忙什么了吗？它们正忙着酝酿情绪：憎恨、失望、挫败与愤怒。

你看，你自己有一个信念：如果你对别人好，他们就会报答你的恩惠，会以你的方式对待你的物品。然而，这种情况可不是天天都会发生。就像我的一位同事说的："人人都照着你的想法做事的星球，可不是地球。"

小贴士

1.把"应该"从思绪中删除。它们被称为"思维病毒"可不是没原因的。试着用比较不具命令性的词来取代它。前来咨询的人常跟我说,如果不再使用"应该"这个词是他们在这个疗程中唯一学到的,他们也会很开心,因为感觉自己被解放了!

2.在寻找替代词时,要找强调"选择"的词。

例如,与其心想"我今天应该做完所有家务,一定要做,而且非做不可"——这听起来就像接下来你会喝口茶,然后带着自作自受换来的剧烈头痛躺下休息——不妨试着这样想:"我当然可以在今天做完所有家务,可是我已经忙了一个星期了,所以我今天先做一点儿,剩下的明天再做。"

这样是不是感觉好多了?

今天就这样了。本周的作业就是填好下面的想法记录表。

A	B	C	D
状况	想法	情绪	思维病毒
		生理	
		行为	

这张表格跟之前那张想法记录表相似，但相信你也发现了，这次多了（D）"思维病毒"这部分。

跟之前一样，先叙述事件（A），接着写下你的想法（B），然后就是你的反应（C），别忘了给你的痛苦评级。最后，我希望你回到B栏，从中找出思维病毒，将之填入D栏。

你可以任意填写你想写的事件，并试着找出在过去一个星期里你的痛苦程度达到70甚至更高的时间点。之所以选择痛苦程度高的时间点，是因为我们要找出最让你感到不舒服的原因。

尽全力去做吧。我们下次见。

（我得承认，我很想知道，要是我再开口向你借割草机，你会有什么反应。）

第九章

思想日记

我：很高兴又见面了。沙发坐起来还舒服吗？

你：我实际运用上次所学时，发现自己常戴着负面滤镜看事情，把事情灾难化。当我开始做情绪推论时，我就开始相信我是对的，而她是错的（认知推论）。当我发现那全都是我自己在脑海中虚构的之后，我为我的过度反应向她道歉，接着就回家了。

我：做得很好！你跟你的伴侣说明了你所学的东西了吗？

你：说了！我把思维病毒表给她看，这让她更能理解我是怎么想的。她的思维模式跟我的不同，这倒是有点儿出乎我的意料。

我：把你学到的和她分享，确实是个不错的主意。因为，就像你说的，每个人的思考方式都不一样。

伴侣与读心

有伴侣的人容易预设对方的想法与自己的相同，但实际上往往跟前述的例子一样：我的伴侣不知道我在想什么，因为她的想法跟我的不一样。

如果双方都假设对方的想法跟自己的一样，
那么沟通上就会常有误会，
最常见的结果就是发生冲突或僵持不下。

我解释一下：

你下班回到家后，看到伴侣正坐在客厅里，凝视窗外，完全没有要和你打招呼的意思。这时，你开口问："今天过得好吗？"对方没有回应。

你：还好吗？你看起来不太对劲。

伴侣：我很好，谢谢关心。

你：所以没什么事？

伴侣：是啊，我不是说了吗？

你：（虽然还是有些疑虑，但你决定相信"眼见为实"，毕竟你并不会读心。）喔，没事就好。没事的话，我可能要跟几个好兄弟去喝一杯。

伴侣：你这个混蛋！爱去你就去！

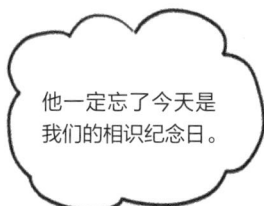

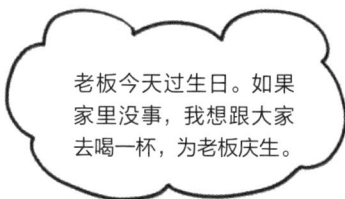

他一定忘了今天是我们的相识纪念日。

老板今天过生日。如果家里没事，我想跟大家去喝一杯，为老板庆生。

想必很多人都遇到过这种情况。不论你跟对方在一起多久，熟悉彼此并不代表你或对方都会使用读心术。任意揣测不仅毫无帮助，还带有潜藏的破坏性。

现在，在你开始填写新的想法记录表之前，我看了一遍你的上一张表格，并明确了上面提到的思维病毒。因为现在你正处于统筹语言与新信息的阶段，所以复习一下这张表格很有意义。

A	B	C	D
状况	**想法**	**情绪**	**思维病毒**
上班时收到一封备忘邮件。 周四要召开重组会议。	糟糕，就是这个！我一定会被开除的！ 老板一定认为我是多余的。 大家都打算把我开除。 如果永远找不到新工作该怎么办？ 我对这个家毫无贡献。	沮丧、难过、恐惧（90） **生理** 心跳加速 呼吸急促 紧张不适 **行为** 不接电话 担心 来回踱步	夸大化 算命 负面心理滤镜 读心术 情绪推论 标签化 过度概括

你：好。我发现了几个思维病毒，难怪我会陷入这种处境。

我：我带着你一起分析一下这张表格。我会为你标示出不同的思维病毒，并说明这些是如何影响你的，同时也跟你讨论一些技巧来协助你重新归因整个事件。

A：你接到召开重组会议的通知。

B：你立刻开始担心。下面是你的想法传递给你的信息。

↓

糟糕，就是这个！我一定会被开除的！

这个开会通知瞬间就被你**灾难化**。你抱持着非黑即白的思维告诉自己，你的工作和未来全都要完了。

你就快彻底相信（相信程度：90）自己要被开除了。而你之所以有这种想法，是因为你戴上了那顶"**算命大仙**"的帽子。

同时，你也通过**个人化**的滤镜向自己证明，那个会议通知其实就是在针对你，而且只针对你。公司之所以用备忘录的形式发出，只是为了掩盖你——也只有你（在你的想法中）——就要被开除的事实。

↓

老板一定认为我是多余的。

这就是你进行**读心术**的证据。你在上一段想法中预测了未来，现在你还能读懂别人的心思。你还真是天赋异禀呢！

然而，一旦你开始了**认知推论**，这种想法就真正获得了魔力。现在你开始相信（相信程度：90）自己所想的全都基于事实。但这永远不会成真，因为你现在深信的想法是读心的结果，所以它不符合事实。

↓

大家都打算把我开除。

又来了！你让失调的思维打头阵，却把理性思维放在最后的最后。你正在对大家进行分组**读心**——你知道公司里每个人（**非黑即白**）的想法。等等，还有呢……

你还知道他们未来会怎么想（**算命**），而且还是通过**负面滤镜**看到的。

你不敢相信自己现在有多么沮丧、伤心与害怕（90）——这还只是先把这些想法写下来。

↓

如果永远找不到新工作该怎么办？

你看，"如果……怎么办"这个忧虑魔咒又出现了。

（温馨小提醒："忧虑"的定义——预测会产生负面的灾难性结果。）

这个例子中的预测是你这辈子永远找不到新工作，你把结果几乎完全（相信程度：90）想成了一场**灾难**。

现在你应该觉得自己十分悲惨，不过这也不令人意外，谁叫你相信那些毫无事实根据的想法。现在我要看看C栏。你心跳加速，呼吸急促，非常紧张不适，痛苦程度达到90。你真的是越来越痛苦了。

此刻**情绪推论**已经和其他各种思维扭曲搅在一起。你现在相信自己所有的情绪感受，以及生理反应（**生理推论**）。

↓

我对这个家毫无贡献。

这种想法很可怕，会让人产生抑郁情绪，罹患与抑郁相关的疾病，而且它还会跟这些情绪与疾病共存。到了这个阶段就表示我们已经来到"思维链"的末端。

注意，你会发现我在各个想法之间都用箭头连接，我们称此为"箭头向下技巧"——够浅显易懂了吧。医生会循"思维链"的走向，找出那些最让人感到痛苦的想法，并予以诊治。著有《想法转个弯，就能掌握好心情》（*Mind Over Mood*）的克里斯汀·佩德斯基（Christine Padesky）博士，称这种最让你感到痛苦的想法为"灼热思维"（hot thought）。让你感到沮丧的正是这种思维，一旦你相信它，你就会感受到最极端的痛苦。

> 我之所以强调"相信"和
> 它的程度（决定了痛苦程度），
> 是因为它们是认知疗法运作
> 所需的基础概念。

让我来解释一下：

在记录表的情绪感受与生理反应那部分，你将主观痛苦感觉评为90——这是非常强烈的负面主观感受。这些就是你的"情感反应"（情感，在心理学中是用来描述情绪感受的概念。）

通常，达到90的感受可通过呼吸技巧（见第224页）得到舒缓，或是提前使用你最重要的一项技能：

辨识思维病毒,
自问你思维中的"事实"是否真的存在。

这里有几个例子,我相信你可以举一反三。

- 读心:我不会读心术——**事实**

- 预测福祸:我不是算命大仙——**事实**

- 个人化:不是每件事都跟我有关——**事实**

再怎么强调记住那些思维病毒
(见第235页)的重要性都不为过。
记住它们,你将体会到一技在身的无穷妙用。

很有可能你会把每件事都灾难化,却从没想过试着让自己的思维理性化。无论如何,学习如何处理各种状况都是非常重要的。

这里有个非常直接且有效的技巧，我会带你试做一次，然后再说明如何运用这个技巧。

请想象我们回到同坐在我的诊疗室里的情景。想象你在疗程结束后走到外面，将手机开机后看到一条"立刻打电话回家"的信息。

你立刻拨出电话，得知你深爱的某个人在斑马线上被卡车撞到，目前正在急诊室。

接着，我会让你给收到消息时的惊吓评级。

你：绝对是100!!

我：等一下。他还活着，而且你并不知道情况是否严重。

你：没错——我就是觉得很害怕。好吧，那改成95好了。

我：没关系。现在，我们来看看新的技巧。

用于去灾难化的恐惧程度量表

（办公室通知）

90

0 ├─────────────────────────┤─┤ 100

95

（急诊室）

　　我：我可以从你的表情中看出你的困窘与尴尬，因为你发现这两起事件引发的恐惧程度差距居然这么小（5）。现在给你一个补救机会。请问你是否愿意更改收到公司通知时的恐惧程度？

　　你：我改为30，但这并不表示我没被这件事吓到。

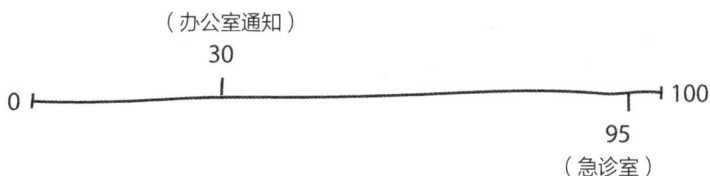

（办公室通知）

30

0 ├────────┤──────────────────────┤─┤ 100

95

（急诊室）

　　我：很好。痛苦瞬间就少了60个单位，这个转变很棒。当你的忧虑在50个单位或以下时，要控制你自己的主观、生理与情绪状态就比较容易，而且可以重新理性地去思考。这样不是好多了嘛！这个30比较接近收到重组备忘邮件这一事件的严重程度。

之前那个90不过是你自己吓唬自己，你扭曲的想法都是基于虚构的情节而非事实，反映了你对现实负面和毫无益处的看法。

现在，请拿出一张白色小卡片，把底下的图画在卡

片上。当然，若你的手机里有绘图工具，也可以画在手机里。

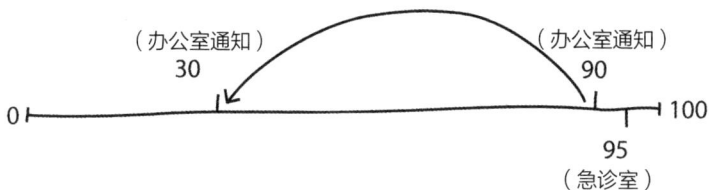

（办公室通知）30　（办公室通知）90
0 ————————————————————— 100
95
（急诊室）

现在，请在卡片下方写下：

实际到底有多糟?

这个问题是在问你：
"这种情况实际究竟有多可怕？"

运用这种技巧，就像是拥有一个透视量表。它以一个非常明确的格式，为你标示出真正重要的是什么。

如你所见，这是一种让人从极度不安和痛苦中"回归现实"的有效方法。刚开始运用这种方法时肯定会有些许不自在；但话说回来，不自在又不会死人。我相信，为了它带来的好处，有点儿不自在也值得。

我知道，在这次治疗中，关于"相信"与"相信程度"的重要性仍有未尽之处。不过，我们目前学到的内容也够多了，其他的就留待下回吧。

作业

请你再制作一张想法记录表，暂时不需要 D 栏——那是下周的任务。像上次一样填好就可以了。

你的"去灾难化"做得很好！下次见。

A	B	C
状况	想法	情绪
		生理
		行为

第十章

开始见到成效

我：嗨，你看起来对自己很满意的样子。一切都顺利吗？

你：真的很顺利。我甚至还苦恼该在记录表里写什么呢。现在似乎没什么能像过去那样困扰我了。

我：也许是"去灾难化"的效果？

你：绝对是！我向家人介绍了这一技巧的运作方式，大家都觉得很酷。甚至连十几岁的孩子都说："哇，看来我的问题也不是那么严重嘛。"

我要是觉得难以承受，就会使用这一技巧，但难以承受的状况现在几乎不怎么出现了。如今我遇到问题时倾向于先思考，而不是马上有所反应，让微不足道的小事来控制我。

此外，我还更有意识地去注意自己大脑中的思绪。前几天，我觉得我的朋友都无视我，认为我很难相处。后来我意识到，我这不就是在使用"读心术"嘛！所以我立刻告诉自己："其实我根本不会读心术。"这的确奏效了。

我：很好！我们来看看那张想法记录表。

A	B	C
状况 收到参加高中同学会的邀请函。	**想法** 要是同学们认为我变成了个大胖子该怎么办？ 要是我到了现场，发现每个同学都是过得很好的成功人士，而且穿金戴银，那该怎么办？ 我这个人一向无趣，从来不知道该说什么好，要是没人想跟我说话该怎么办？ 我会尴尬脸红，还会被注意到，他们一定会认为我是个长了脚的红绿灯。 接着我会说出蠢话，开始无法呼吸，变得恐慌。我绝对不能参加，那肯定会是一场大灾难！	**情绪** 紧张、尴尬、害怕，感觉自己很没用、愚蠢（75） **生理** 紧张、焦虑、呼吸急促、心跳加速、恶心想吐 **行为** 把邀请函藏起来，不敢登录社交网站，开始担心

你：我的确设法将我的焦虑从将近100降到75，但参加同学会这件事就像个旋涡，一直在我脑海中打转。我的忧虑就是停不下来。

我：首先，你没失败。就像我之前说的，忧虑非常狡猾而且固执。这习惯跟了你那么长时间，你不可能一夜之间就改掉。

这几乎已经是最后的疗程了，所以我要以这张最后的想法记录表作为工具，增进你的知识与技巧。

A：**状况**　收到参加高中同学会的邀请函。

C：**情绪**　紧张、尴尬、害怕，感觉自己很没用、愚蠢。主观痛苦程度：75。

C：**生理**　紧张、焦虑、呼吸急促、心跳加速、恶心想吐。

C：**行为**　把邀请函藏起来，不敢登录社交网站，开始担心你开始忧虑，同时感受到这种痛苦对情绪与生理的影响。这种因为预测会发生某件事而产生的担忧与焦虑，就是所谓的"预期性焦虑"。我再次提醒你，这些全是你的想象创造出来的。

接着你把邀请函藏进抽屉，以为放在里边就不会有人看见，也不会有人问起此事，借此来避开会刺激你的东西（邀请函）。

这些举动被称为"安全行为"。你试图借避开刺激来源降低焦虑感。短期来看这样也许有效，但绝非长远之计。这样做的结果就是，你会持续抱着"不但要畏惧刺激的源头，还要避开它"的信念。

你对这张邀请函代表的意义的执念，正是造成你痛苦的原因。让我们来看看这个认知过程。

B：想法

要是同学们认为我变成了个大胖子该怎么办？

要是我到了现场，发现每个同学都是过得很好的成功人士，而且穿金戴银，那该怎么办？

我这个人一向无趣，从来不知道该说什么好，要是没人想跟我说话该怎么办？

我会尴尬脸红，还会被注意到，他们一定会认为我是个长了脚的红绿灯。

接着我会说出蠢话，开始无法呼吸，变得恐慌。我绝对不能参加，那肯定会是一场大灾难！

参加高中同学会吗？

摆个排场华丽登场！

大家绝对

认不出你！！！

我：现在，该"侦测思维病毒"了。我们一个个看。

你：我最先注意到那些"要是……怎么办"，所以很快就发现我在预测会发生负面的事件。接着是一堆读心术："他们一定会认为……"这个"会"字就表示我在算命，而这些都是因为我在通过负面滤镜看事情。然后就是全有或全无的非黑即白想法：没有人、每个人、他们都……。情绪、生理与认知的推论一应俱全，它们联手说服我相信自己所想的全都会成真。最后，再以"我绝对不能……"这样命令式的想法作结尾。

我：太棒了！很好！现在，我要向你介绍一个能摒弃这些高度不理性的思维病毒，并且重新归因，让你的思维回归理性的方法。我称之为"认知矩阵"。

挑战不理性思维的矩阵

要事实
不要
观点

事实　真相

实际的　有帮助的

要实际
不要
空想

要达成理性思考，你要先问自己：我的思考是基于事实、真相
与实际吗？我的思考对我有帮助吗？

挑战非理性思维的矩阵

> 理性思维基于事实、真相，
>
> 以及实际且有帮助的东西；
>
> 而非理性思维则是基于观点与空想。

认为自己会测读人心，而且会预知未来，这样的想法并非基于事实。

每个同学一定都是过得很好的成功人士这样的想法也不属实，因为这也是在预测未来。

如果你认为会发生的情况全都没有事实根据，那么因这些情况而产生的想法，又怎么可能会有现实依据呢？这些不过是你非理性思维的投射。

如果你抵达会场时真有一群老同学围上来对你说"你是不是胖了"，那我确实没办法指责你试图读心了。不过，我只想问你："现在让这些思绪在你脑中盘旋，对你有什么帮助？"

你想象大家都注意到你变胖了，而且还胖得很厉害，就算他们确实这么想了，请问，那是事实还是只是他们的看法？

还有，别忘了，99%的时间里，

常人想的都是自己，

才不会想着你！

我们回到这场想象中的同学会吧。你抵达现场，看到你的同学们都很开心，他们穿着超级贵的好衣服，戴着钻石饰品。而你凭着直觉，开始读取他们的心思，注意到他们认为你应该过得更好，而且不该这样放纵自己（变成胖子）。

因为自愧不如，你开始相信他们的价值观、信念和理想才是真正重要的，而你只是个失败者。

你觉得，想变得跟他们一样，就应该相信他们的信念全都是正确的，而你相信的全都是错的。简直胡扯！

要是能安享于自己的真实世界，谁还会在乎别人怎么想呢？（并不是说你真的知道他们在想什么。）

记住："比较是窃取快乐的贼。"
——美国前总统西奥多·罗斯福

你可以看到，这个"认知矩阵"提供的模式，能让你衡量个人的思维活动，判断其中理性与非理性的成分。你的目标，就是要紧跟着那些理性而且对你有帮助的思维。

信不信由你！！

我们在这个疗程中围绕信念、价值观与理想谈了许多，也谈到观点并非事实，以及大家认为你"应该"去做的事跟他们的理念有关，却与你的现实世界毫无关联。

说到信念这个主题，也该是向你说明我之前提过的"相信与相信程度"的时候了。

> 我：回到你的想法记录表上。你在想到同学会时，记下自己的痛苦程度是75，同时也记下你有关变胖与自觉愚蠢的想法。刚才我们已经把这些想法全都理性

地重新检查过一次，现在你感觉如何？

　　你：我觉得轻松许多。不舒适程度现在大概只有30。

　　我：很好。从1到10，现在你对自己又胖又无趣的相信程度是多少？

　　你：7。这没有改变多少，毕竟这就是我对自己的感觉。

问题就出在这里。挑战想法能改变你的情感，也就是你对事物的反应强度。而改变"相信度"是一项复杂的工作，因为它与你对自己的基本信念有关。

　　在结束本次治疗之前，我将提供一些方法，教你如何在去除自己非理性思维的同时，找到理性的方案取而代之。一起看看下面的表格吧。

非理性	理性
要是同学们认为我变成了个大胖子该怎么办？	希望我不会被一群以貌取人的人包围。
要是我到了现场，发现每个同学都是过得很好的成功人士，而且穿金戴银，那该怎么办？	不过就是个同学会——我不需要知道别人日子过得如何。
我这个人一向无趣，从来不知道该说什么好，要是没人想跟我说话该怎么办？	如果没人跟我说话，那我也就不会待太久。
我会尴尬脸红，还会被注意到，他们一定会认为我是个长了脚的红绿灯。	相信我不会是现场唯一有点儿害羞、尴尬，可能还有一点儿困窘的人。
接着我会说出蠢话，开始无法呼吸，变得恐慌。	如果真觉得无法呼吸，那我会出去走走，做点儿呼吸体操。大家会忙着聊天，不太可能关心我是不是因为恐慌而先离开。
我绝对不能参加，那肯定会是一场大灾难！	有什么不能去的？——去了会发生什么更糟的事吗？

感觉舒服一点儿了吗？

如果你被即将到来的活动吓到（饱受"预期性焦虑"之苦），那么就在想法记录表上记下你的思绪。接着依照上述的方式，创造出取代它们的理性想法，然后看着你的忧虑程度渐渐降低。

治疗即将结束。没有作业要布置了。我们现在来复习一下你认知工具箱里的工具，好让你离开我之后能靠自己的力量管理内心世界。

第十一章

复习时间

我：今天是我们最后一次见面，所以我想知道你在运用所学技巧上有什么进展。

你：我现在更能控制自己的想法和感受了。去灾难化与戒除"应该、必须与不得不"是我主要运用的思考方式。一旦事情没按我认为"应该往的"方向发展，使用这两种工具有助于我保持冷静，避免小题大做，也避免生成不满与愤怒的情绪。

在人际关系上，主要是通过避免读心和算命来更有效地与人交流。如果我和伴侣之间有了误会，我就会对照思维病毒列表，想一想沟通过程中可能出了什么问题。

通过了解什么是情绪推论与认知推论，以及它们对我的想法会产生什么影响，我学会放慢脚步，不再基于情绪做出反应。我会先停下来，做深呼吸，接着开始找证据，反问自己："这种反应是基于事实吗？"

我利用"认知矩阵"来帮助思维理性化，让每种想法都能基于事实。

跳出"焦虑旋涡"是最难的地方，所以我希望能有更多的应对策略。

我：没问题。我还没向你完整说明闪卡的用途呢。

利用闪卡重新训练大脑

研究显示，如果你想改变思维方式，就需要有效地将新的思维方式内化，如此一来才有机会替换掉旧有的思维习惯。

我在第187页教过你如何用写有"实际到底有多糟？"的卡片"去灾难化"，借此降低情绪唤起水平，更有效地管理情绪过载。

如你所知，你怀着忧虑，先由"**如果……怎么办？**"带你做出负面（**负面滤镜**）灾难性（**放大化**）的预测（**算命**）。

情绪推论、**生理推论**与**认知推论**让你误以为自己的扭曲想法告诉你的全都是事实。你试着不断用"停止忧虑"来提醒自己，结果却以满脑子的"骆驼"收场。

当务之急，是尽快跳出这种思维循环，而闪卡存在的意义正在于此。

为了让闪卡发挥作用，你必须每天多看它们几次，每次至少坚持15秒。你拿起了闪卡（或是看着手机里的闪卡），但5秒后又将新的思维抛弃，这样是毫无意义的。你得将它们深深烙印在脑海里，匆匆一瞥无法起效。

这里是两张我认为特别有效的闪卡：

这种想法
如何帮助我／你？

这种想法
会把我／你带往何处？

你会注意到我提供了代词的选择，我把选择权留给你，看看当你在内心跟自己对话（思考）时，哪一种问法会更有力量。

我也希望你能注意到，这些闪卡不使用"停止担心……"这类祈使句，而使用了疑问词"如何"以及"何处"。这两个疑问词常出现在苏格拉底式的对话中，也是法律与认知疗法的核心。（另外两个是"何时"与"什么"。我不用"为什么"是因为我认为这不仅没帮助，反而会让大脑去处理一项很难让人专注于寻找答案的任务。）

终于谈到我不太熟悉的神经科学领域了——我确实知道得不多！然而，我知道一件有意义的事，那就是当你对大脑用上述其中一个疑问词进行提问时，大脑会去找寻正确答案。苏格拉底称这个现象为"引导式发现"。

认知疗法这样定义"引导式发现"：

它是治疗师用来引导患者思考他们处理信息方式的过程。通过让患者回答问题或是仔细回想自己的思考过程，它为患者开辟出一系列的替代思维。

所以，当你问大脑"这种思绪（忧虑）会为你带来什么帮助"时，答案自然就是"没有任何帮助"。接着，大脑反而会跟这个问题站在同一阵线上。因此，"忧虑"这个思绪并没有被抑制或消除，而是受到了挑战。这不是内部斗争，而是极大的改变。

嘿，骆驼，这里很挤啊……

本书附录里有一些闪卡可以写下来使用。你也可以将这些信息输入手机，随时使用。

延迟忧虑

接下来的技巧来自"延迟忧虑"研究。下面是几位理论家的建议（欢迎自行尝试）：

在每天傍晚安排一段"忧虑时光"，不如就选傍晚六点吧，至少进行三十分钟。坐下来，开始这段不受打扰的"忧虑时光"吧。没有电话，没有电视，没有交谈，什么都没有，只有忧虑。在这段时间里，将你担忧的每件事全都写在笔记本上。

如果在上班时有个项目让你忧虑，你就告诉自己："我不要现在就开始忧虑，我要把这忧虑留给回家后的'忧虑时光'。"这个方法的基本原理就是大脑接收到"可以忧虑，只不过要晚一点儿再开始"的信息。

随后几天，你会发现一些变化。首先，你开始觉得它无聊，而且还会被这个忧虑练习激怒，希望它赶快结束。其次，当你翻看笔记时会发现，前两天你还在担忧的事，现在几乎都快记不得了。

所以，基本上你是在用忧虑"淹没"大脑。你会逐渐体会到，不论是这个练习，还是你的忧虑，都是没有帮助的。

这是非常耗费时间的练习，在我的经验里，只有极少数的人能不厌其烦地持续练习下去。所以，如果你的感受跟上面描述的一样，别担心，你一点儿都不孤单。

总之，我借鉴了这个方法，设计出另一张闪卡：

等一下！

我从"延迟忧虑"这个方法中得到灵感，撷取精华，设计出了这张闪卡。

"等一下"采用的是延迟满足的思路，它对大脑提出延迟忧虑的要求，同时也保证稍后会给它机会去忧虑。一位求诊者认为"等一下"这个技巧非常有效，他是这么描述的：

　　我在大约4岁时，跟父母一起外出。我吵着要吃冰激凌。我记得当他们跟我说"等一下"时，我突然想通了，我还是会吃到冰激凌，只不过不是现在；同时我也发现，只要我停止当下的吵闹行为，就能更快吃到冰激凌。

　　这就是"等一下"传递给大脑的信息。你想担忧，是因为你相信这样能减轻你的焦虑。借着"等一下"，你知道自己的焦虑终究还是能得到缓解。这个方法再度巧妙地说明了忧虑并不会改变结果，持续忧虑除了扰乱大脑，没有其他功用。

可能要再过一会儿才能吃到？

意识限度

我们常认为大脑的能力无限，也相信有机体（我们）的潜能无限。当然，当你读到任何有关DNA以及它难以理解的复杂的信息时，自然会认为我们意识的能力也是无限的。

然而，这并不适用于意识的处理过程，因为头脑当中的事物必须井然有序且结构分明，大脑无法同时处理太多事情，否则就会感到混乱。

例如，如果只有我和你在交谈，你的注意力会是稳定的；让另一个人进入这房间，加入谈话，你要保持专心就会变得有点儿困难；如果再让第四个人加入，那一切就免谈了。

因此，一旦装进过多的忧虑和负面的思绪，大脑的专注力与生产力就会受到影响。因为在我们大脑有意识的区域里，就只有那么多空间。所以，帮自己一个忙，别让"忧虑"给你的大脑制造混乱。

关心与忧虑

关心和忧虑不一样。如同你目前学到的，忧虑旋涡毫无用处。相反，关心则代表在大脑中有明确的使命：时间限定、解决之道与行动计划。例如，关心可以协助我们：

· 拟订计划，以将事件影响减至最小，或避免再次发生类似事件。

· 落实计划步骤，确保行动万无一失。

· 制定时间表，考虑谁可以提供帮助，以及需要做哪些事情。

表达时，要使用"关心"而非"忧虑"一词。"我在关心某件事"这个说法可以让你立刻推论出随后的行动，例如，解决问题。

管理忧虑的技巧

下一页的图提供了一个直接可用的工具，帮助你将你的反刍思维（忧虑）结构化。

你可以利用这个图拟订行动计划。把事情记录下来，然后放手。这个技巧用在和工作有关的事情上特别有效。复印一张放在你的床边，如果半夜你突然醒来，可以将想法与解决方案记录下来，然后再回去继续大睡！

转移注意力

这个图中另一个重要的部分就是善用转移注意力的技巧。在治疗慢性疼痛与忧虑这两个领域里，转移注意力都是最有效的方法之一。如果可以，想点儿不一样的事，或是做些不一样的事情。请记住"抛诸脑后"这四个字。

忧虑抉择图

这个"忧虑抉择图"是一个解决忧虑困扰的结构化方法。通过自问一连串的问题，协助自己放下忧虑。

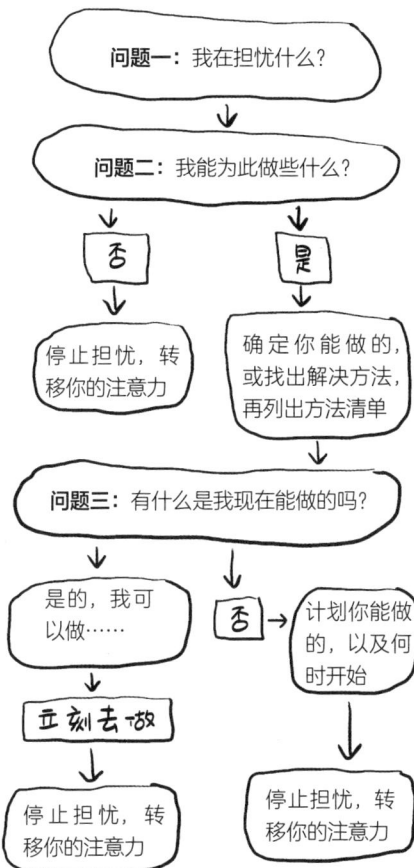

问题一： 我在担忧什么？

↓

问题二： 我能为此做些什么？

否 ↓ | ↓ 是

停止担忧，转移你的注意力

确定你能做的，或找出解决方法，再列出方法清单

↓

问题三： 有什么是我现在能做的吗？

↓ | ↓

是的，我可以做……

否 → 计划你能做的，以及何时开始

↓

立刻去做

↓ ↓

停止担忧，转移你的注意力

停止担忧，转移你的注意力

呼吸

焦虑时，呼吸会有很大的帮助。这听起来有点儿疯狂，我们不是每分每秒都在呼吸吗？没错，但你在焦虑时很可能会屏住呼吸，这会让状况变得更糟。当你感到焦虑时，试试这么做：

- 屏息，数到六（不是要深呼吸和过度换气）
- 吐气
- 吸气，数到三
- 吐气，数到三
- 吸气，数到三
- 反复做

有帮助的思维

我们已经围绕基于事实、现实与真相的思维谈了许多，不过我还没介绍"有帮助的"思维的重要性。

我在2009年做了双乳切除手术之后写了一本书——《支持乳房》(*Breast Support*，这是一本乳腺癌确诊女性可看的书）。书中关于"如何摆脱无止境忧虑"的篇章就讨论了"有帮助的"思维的重要性。我想再次"剽窃"自己的作品，引用到此书中。

"有帮助的"这个美妙的词让我想起红十字会标志。它是全世界都认得的人类互助标志。只有恐怖分子与极端主义者才会因为狂热的极端信念而无视这个标志。

"有帮助的"这个词无关评判，也不是基于"应该"或"不应该"，更不是对正常或不正常、对还是错表明立场。

所以，就算某件事真的搞砸了，或是某个人确实说了你的坏话，你还是要问问自己，这些值不值得你一再地回想。记住要这样想：

> 这种想法对我有什么帮助？

就是这样。希望你会觉得这些信息对你"有帮助"。

这本书并不是专业治疗的替代方案，而是分享给那些无力负担高额费用，因此无法接触到临床心理医生的人，或是只是想尝试自己找方法寻求解决方案的人。这本书为那些想管理自己恼人的忧虑的朋友，提供了一条入门的途径。

如果本书没能为你带来任何改变，诚心建议你寻求专业的心理医学的协助，因为你的焦虑有可能是其他原因造成的。

祝你一切顺利，很高兴跟你一起工作！

重点整理

1. 人的头连着肩，我们的思想与身体紧密相连。因此，所有造就我们的不同元素——生理、行为、情绪与认知，都密不可分地联结在一起。这些联结会对你起到积极或消极的作用。

2. 忧虑的定义就是，你不断对未来做出负面的灾难性预测。

3. "当你的思绪影响了你的行动能力时"（引自罗伯特·希夫博士），想太多就是个问题。

4. 理论家估计，基因对焦虑的影响约占25%至40%。

5. 让一个正处在忧虑中的人"别忧虑了"是没有意义的。

6. 孩子若看到忧虑的行为，会认为忧虑是重要的。因为那是大人在做的事，所以必然相当重要，而且关乎生存。

7. 相关研究清楚表明，忧虑会对情绪造成长期的影响，抑郁就是其中一个重要后果。

8. 忧虑是一种由迷信引发的行为。它既无法预测出事件，也无法预防其发生。

9. "如果……怎么办？"要是你意识到自己正这样思考，请尽快将其阻断——转移注意力，使用闪卡。否则只会掉进无止境的忧虑旋涡。

10. 内在及外在因素都会诱发你的焦虑。单单一个想法就能将你的整个系统转变成充满恐惧的警报模式（恐慌）。

11. 改变"你怎么想"才是关键。

12. 不要忘了重新归因的技巧。你的想法并不等同于现实。

13. A＝现实状况（问题不在这里）

    B＝想法／认知（治疗大部分在此进行）

    C＝反应：情绪／生理／行为（问题就在这里）

14. 非理性思维会产生夸大的情绪，因为你相信那些想法会成真。

15. 你的大脑能欺骗你，而且也确实在欺骗你。思维病毒让大脑得以骗过你，因此你必须牢记这些思维病毒并清除它们。（参见附录2）

16. 和亲近的人分享你学到的知识，这么一来，他们也能熟悉这些术语，尤其是思维病毒。

17. 不论你多爱对方，你都无法读取他们的心，反之亦然。

18. "去灾难化"是平复情绪的一种简单且迅速见效的方法。

别忘了使用"恐惧程度量表"。

19. 理性思维基于事实、真相，以及实际、有帮助的事情。

20. 非理性思维则基于想法与理想。请跟着理性的脚步走！！

21. 关心远比担心好。

附录1 闪卡

我无法改变现实，但只要改变思维方式，就能改变对现实的看法。

- -

有些虚假的事情会让人觉得非常真实。绝不可让感受说服自己那是事实。

- -

感觉到的威胁并不会危及生命。

- -

这种想法正把我带往何处？

- -

这种想法如何帮助我？／这么想对自己有什么帮助？

- -

我这种想法有多少真实性？

- -

感受不是事实。信念不是事实。

- -

不自在也许令人不适，但它不会要了我的命。深呼吸，平静面对。

等一下！

- -

我是在用自己的想法吓自己。

- -

忧虑只会引发苦恼。

- -

忧虑是由迷信引发的行为。

- -

恐惧程度量表：0————————100。

实际到底有多糟？

- -

事实 vs 观点

现实 vs 理想

真实 / 有帮助的

附录2　思维病毒

非黑即白思维：以非黑即白的绝对观点看待世界。使用语言有：总是／绝不、没有人／每个人、每件事／没有一件事等。是非常呆板、僵化的思维方式。

生理推论：因为身体某处病痛，就断下定论，认为那必然是坏事（例如脑瘤、牙龈癌）的征兆。

灾难化：见**夸大化**。

认知推论：与**情绪推论**这种思维病毒非常相似。即因为认为或者相信某事为真，就认定它必定为真的这样一种推论。

剥夺正面感受：这种思维病毒不仅专注于事情消极的一面，也会过滤掉所有的积极因素。

情绪推论：说服自己相信感受到的就是事实。

算命：不断预测会产生负面结果。

"我受不了了！"：当你告诉自己真的一天、一分钟、一个字都忍受不了了，并且你开始相信这是事实的时候。

急于下结论：毫无根据的主观臆测，而且带有仅仅基于你个人信念的负面诠释。这种思维病毒的两个主要形式是**读心**与**算命**。

贴标签：对事件**过度概括**，且针对所犯错误立刻展开负面的自我对话。（例如："我老是犯同样的错！我真是智障！"）

夸大化（又名**灾难化**）：将小小的鼹鼠洞夸大成大山，这就是夸大化。你将问题夸大再夸大，直到自己不堪负荷、精疲力竭。

读心：你一时心血来潮，武断地认定他人对你持负面想法，而且毫无证据证明那是真的。

缩小化：与**夸大化**相反，你把"一座大山"（例如你的丰功伟业）缩小成"一个鼹鼠洞"。此举会让你避免承认自己的能力与令人羡慕的品质。

说教型"应该"：基于价值观、信念与期待，而非基于事实的"应该""必须""不得不"（与有帮助的**指导型"应该"**正好相反）。

负面心理滤镜：只看见生活中消极与阴暗面的倾向。

过度概括：把一件令人不愉快的事视为永远不会结束的挫败模式。

个人化：认为某些其实与你无关，或者你不是主要负责者的外部事件都是因你而起。

应该、必须与不得不：这三个词的意思基本相同，因此会造成相同的情绪、生理与行为反应。数个世纪以来，这些控制性的词就利用人的罪恶感来行操纵之事。毒性甚强！帮自己一个忙，戒掉这些词！

务必确认自己已经牢记这些思维病毒，这样你就知道如何发现这些非理性思维并加以修正！

附录3 想法记录表

A	B	C	D
状况	想法	情绪	思维病毒
		生理	
		行为	

A	B	C	D
状况	想法	情绪	思维病毒
		生理	
		行为	

A	B	C	D
状况	想法	情绪	思维病毒
		生理	
		行为	

A	B	C	D
状况	想法	情绪	思维病毒
		生理	
		行为	

A	B	C	D
状况	想法	情绪	思维病毒
		生理	
		行为	

A	B	C	D
状况	想法	情绪	思维病毒
		生理	
		行为	

A	B	C	D
状况	想法	情绪	思维病毒
		生理	
		行为	

A	B	C	D
状况	想法	情绪	思维病毒
		生理	
		行为	